宁波民宿

TOP100

朱建国 著

中国建筑工业出版社

图书在版编目（CIP）数据

宁波民宿TOP100 / 朱建国著. -- 北京：中国建筑工业出版社, 2024. 8. -- ISBN 978-7-112-30067-9

Ⅰ. F726.92

中国国家版本馆CIP数据核字第2024070AD5号

宁波，一座历史悠久的文化名城，其民宿产业也深深烙印着这座城市的文化特色。在此，我们精心挑选了山宿、海宿、湖宿、城宿等各具代表的100家民宿，展现宁波的多样魅力。

山宿，犹如“栖霞山居、丹湫谷木屋”，以古朴村落和清幽山林为背景，提供亲近自然的绝佳体验。海宿，犹如“海韵阁”，位于东海之滨，清晨可听海浪拍岸，夜晚可观星辰闪烁，尽显海洋文化的宽广与深邃。湖宿，犹如“湖畔雅居”，坐落于东钱湖畔，湖光山色间，品味着宁波的湖光之美，感受着水乡文化的韵味。城宿，犹如“古韵轩”，位于繁华商业街区，为游客提供都市中的宁静一隅，让人仿佛穿越时空，回到了旧时的宁波。

《宁波民宿TOP100》不仅是一次住宿的选择，更是一次文化的体验。希望每一位游客都能在这里找到心仪的民宿，感受宁波的独特魅力。

责任编辑：周娟华

责任校对：赵　力

宁波民宿TOP100

朱建国　著

*

中国建筑工业出版社出版、发行（北京海淀三里河路9号）

各地新华书店、建筑书店经销

北京点击世代文化传媒有限公司制版

临西县阅读时光印刷有限公司印刷

*

开本：880毫米 ×1230毫米　1/32　印张：9⅞　字数：265千字

2025年1月第一版　2025年1月第一次印刷

定价：**78.00**元

ISBN 978-7-112-30067-9

（43176）

前言

宁波，坐拥东海之滨，四明山麓，历史久远、人文荟萃。近年，随着乡村振兴的全面落实，旅游业蓬勃发展，宁波的民宿产业也如雨后春笋般迅速崛起，成为展示城市魅力的一扇重要窗口。

截至 2024 年 6 月，宁波共打造了市级民宿产业集聚区 34 个，现有登记注册的民宿 1500 余家，床位数量 27000 余张，其中省级以上等级民宿 138 家，入选“浙韵千宿”首批培育名单 129 家，涌现出依山、傍海、揽湖、拥景、聚村等具有不同“IP”属性的民宿类型，有力助推乡村振兴和共同富裕。

在宁波，每一家民宿都有其独特的故事和风格，它们或依山而建，尽享山林之幽静；或傍海而居，听海浪低语，感受海风的轻抚；有的则揽湖入怀，湖光山色尽收眼底；还有的拥景而建，无论是城市的繁华夜景，还是乡村的田园风光，都能成为窗外最美的风景。更有民宿聚村而设，让游客在体验乡村生活的同时，也能感受到浓厚的乡土气息和淳朴的民风。

在民宿，你可以体验到江南的水乡文化，品味人与自然的相生共融；你也可以感受到渔文化的独特魅力，跟随渔民出海捕鱼，体验收获的喜悦；你还可以在古色古香的建筑中，聆听岁月的回响，感受历史的厚重。

倾情于宁波民宿的地域特色，我们精选了最具代表性的100家民宿，通过故事介绍和实景图片，展示这些民宿的独特气质和文化内涵。无论你是热爱山水的旅行者，还是钟情于历史文化的探索者，都能在这里找到属于自己的那份宁静与惬意。

在于此，我们希望通过这本书，能够让更多的人了解宁波、爱上宁波。这里的山、海、湖、景、村，每一处都有其独特的魅力，等待着你去发现、去体验。而这些民宿，就是你探索这座城市的最佳起点。

在这个快节奏的时代，民宿不仅仅是一个简单的旅居场所，更是一种生活态度的体现，一种对美好生活的追求。宁波民宿正是这座城市人文精神和生活方式的缩影。无论你来自哪里，无论你将去往何方，宁波民宿都能为你提供一个温馨的港湾，让你在旅途中找到家的感觉，在这些民宿中找到属于自己的故事和记忆。

CONTENTS

目录

山宿篇

海宿篇

湖宿篇

城宿篇

01 山·宿·篇

SHAN SU PIAN

和園·质野民宿

“和園·质野”位于宁波市奉化区溪口镇岩头古村，依剡溪而建，隐于山野。入园四围环境皆是“苔痕上阶绿，草色入帘青”。园内静读书，享诗画人生；品茶成小酌，看岁月悠悠，“无丝竹之乱耳，无案牍之劳形”。民宿主人早年从事园林行业，因一次到千岛湖出差与一幢明清时期的老宅相遇，总觉得似曾相识，回家后老宅的影子总挥之不去。恍然间祖辈口口相传老宅的样子跃入脑海，于是他倾前半生所有，毅然地买下这幢老宅，他把老宅所有的榫卯结构编上编号，精心拆运回了生他养他的岩头古村，共耗时四年。时光悠悠，世事轮回。老宅重建后，取祖辈名字的后两个字“和園”、以祖上好友所赠“质野堂”堂号，组成“和園·质野堂”之名，意为“和乐人间在家园，大隐桃源质野堂”。“和園·质野”期望除了带给大家一方闲情逸趣之地，更是一块放飞心灵的净土！

这座晚清末年老宅重现，宛如历史画卷中的徽派木质结构建筑，更像一位沧桑老人诉说着往昔辉煌与岁月的沉淀。

民宿外观古朴典雅，白墙黛瓦间仿佛融入了千年的故事；墙面上斑驳的痕迹，像是岁月的笔触勾勒出独特的韵味。门楣上雕刻着精美的图案，寓意着吉祥和美好，每一刀都饱含匠人的心血。大门两侧的石狮子，威武雄壮，如同守护神静静地守护着古老而质朴的院落。

走进民宿，仿佛穿越了时空隧道，来到了一个宁静而又充满诗意的世界。宽敞的庭院中，古树参天，绿意盎然。微风吹过，树叶轻轻摇曳，发出沙沙的声响，似乎在低语讲述着古老的故事。院中的桌椅随心摆放，错落有致，在此品茗论道，欢声笑语中，自然而祥和。

民宿室内布置典雅大方，每一处细节都散发着徽派建筑的精致与考究。床榻上铺着柔软的被褥，给每一位归来的旅人带来家的温馨与舒适。在这里可以感受到晚清末年的徽派建筑和居住风格，仿佛沉浸于一幅流动的历史画卷中，体验静谧的历史时光。

这座徽派木质结构民宿，不仅仅是一个住宿的地方，更是一个让人心灵得到放松和净化的场所。在这里，宾客可以放慢脚步，聆听历史的回响，感受岁月的流转，让身心在古朴与宁静中得到疗愈。

民宿地址：

奉化区溪口镇岩头村许家塔 128 号。

民宿周边景区、景点：

溪口蒋介石故居、雪窦寺等。

民宿特产、美食：

“和園”八大碗、奉化牛肉面、油焖笋等。

乡叙·樟溪谷客栈

乡叙·樟溪谷客栈位于宁波有500年历史的古村落李家坑村。李家坑村隶属于浙江省宁波市海曙区章水镇，地处锡山心，东面溪对岸是桃树横，南面是后龙溪，西面八六坪与百步阶接壤，北面燕崖岭与余姚大岚山相连。抬头远眺，便是后湖岗，榧树潭水库拦坝于此，飞流直下。拥有大量明清古建筑的李家坑村，注重对古村的保护，拆除不协调建筑，修旧如旧。李家坑有一种基于原始却又跳脱的美，它是海曙四明山中保存最完整、规模最大的古村落。村子里，却又能惊见巍峨的青山。每一栋民居都有两三百年的历史，像是一部用石头写成的凝固历史；一座座明清建筑风格的四合院遮布村落，屋与屋之间是高耸的马头墙，台门上股是砖酣门脑。由于空气和水质优良，这里被评为宁波首批“十大长寿村”之一，在这里40～60岁只能被称为青年，80～100岁才算老年，村里不少人都是百岁高龄。李家坑风光旖旎、高山巍峨、古树参天、溪水清澈、空气清新，是长寿的根本；日出而起、日落而息的生活习惯，加上健康绿色的饮食、平和安闲的生活状态，也成就了这里人们的健康长寿。

乡叙·樟溪谷客栈拥有各种客房，干净整洁、基础设施齐全。2

间套房、独立餐厅、星光泳池、户外温泉等，并提供会议室和儿童乐园，随时为宾客提供服务。到了这儿，宾客可以放松一切，安心交给专业细心的管家全程安排。宾客可以体验客栈的各类特色高端户外活动，如峡谷皮划艇、峡谷探险之旅、私人定制山上徒步、星光泳池温泉派对等，尽情享受其中。

四明山平均海拔700米左右，是休闲避暑的理想之地。这里景色大气磅礴，可以说达到了移步换景的地步，让人目不暇接。向山下俯瞰，连续不断的发卡弯在云雾中若隐若现，像一条长龙缠绕在群山之中。四明山腹地，不仅有着“第二庐山”之称，还被誉为“天然氧吧”，空气中弥漫着高饱和的湿气和负氧离子，每一次呼吸，都仿佛能让人将所有烦恼与琐碎之事抛却脑后。千百年来，众多文人墨客慕名而来，兴情所至，吟山咏水，题诗寄情。唐代著名诗人李白、刘长卿等均对其赞叹不已。

生活中微小而确实的幸福，称为“小确幸”。“闲愁来去自由心，大隐瑶京漫抚琴”“大隐住潮市，小隐入丘樊”。坞村深处有人家，把凡俗生活过得诗意四溢。“坐看庭前花开花落，笑看天边云卷云舒”，这大概是对内心淡定与从容最贴切的描述了。

民宿地址：

海曙区章水镇李家坑村。

民宿周边景区、景点：

丹山赤水景区、秋水长滩、赤水桥、柿林古村、如意玻璃天桥等。

民宿特产、美食：

三黄鸡、红烧鱼头、笋干炒肉、臭冬瓜、农家小玉米等。

枕溪·山房民宿

半枕清风，一溪明月。两山叠翠，几幢民宿。枕溪·山房民宿是梦归山水田园的诗意旅居。

枕溪·山房民宿位于海曙区章水镇蜜岩村皎口水库大坝之下。前身是西山阁宾馆，于2017年1月正式迎宾。枕溪·山房民宿，靠水而居、枕溪而眠；掩于青山之下、秀于翠林之中；悠悠章溪为伴、千年古村为邻。住在这里，清晨可以沿溪漫步，感受四明宁静；黄昏可以古村闲走，感受纯朴民风。走遍宁波山水，最美的乡村环游线当属皎口水库沿岸：皎口水库环线。人文历史丰富，湖光山色宜人。移步换景，如诗如画，就近出游，可领略四明旖旎风光。李家坑是中国历史名村，有茅镬古树群、中村白云桥、丹山赤水、五龙潭、中坡山森林公园等，多条出游线路，让人畅游不厌。枕溪由西山阁宾馆一楼客房改造而成，共14间客房，房间经精心设计后建成了别具一格的中式庭院，配套茶室、秋千等设施。“花竹幽窗午梦长，此中与世暂相忘。华山处世如容见，不觅仙方觅睡方”。睡到自然醒，坐看云起时，配上蝉鸣、鸟语、雨霖这几味江南水乡的独特“睡方”，给人一个舒展身心的宛然之梦。

“雪沫乳花浮午盏，蓼茸蒿笋试春盘。人间有味是清欢。”身在此地，枕溪·山房就近取材，为宾客打造的是一场视觉与味觉的双重盛宴，有采自附近沃土里的蔬菜，钓上溪间活蹦乱跳的溪坑鱼，还有皎口水库塘鱼头、黄花鸡、乌米饭、竹叶炖石蛙、青狮汤等，令人垂涎三尺、欲罢不能。犹如人间仙境可举家同游，来感受这原生态的生活方式，享纯粹自在、心灵回归、天人合一的体验。

民宿地址：

海曙区章水镇蜜岩村皎口水库。

民宿周边景区、景点：

李家坑漂流、茅镬古树群、丹山赤水、五龙潭、中坡山森林公园等。

民宿特产、美食：

笋干烤肉、花旗芋艿、皎口水库的鱼头、乌米饭、竹叶炖石蛙等。

龙观禅那艺术民宿

龙观禅那艺术民宿由宁波著名传统戏曲甬剧演员戴如希丹创建，她本着文旅融合发展、饮水思源、回报家乡，打造以中国戏曲文化为主题特色，集传统文化、历史文化、地域文化于一身，使艺术与生活、文化与旅游紧密相连的理念，在家乡宁波市龙观山区建设艺术精品民宿，致力于成为浙江省精品民宿的示范与标杆。

龙观禅那艺术民宿地处素有“天然氧吧”之称的宁波市海曙区龙观乡，位于具有数百年历史且民风淳朴的南坑村，四季皆景，是宁波市负氧离子含量极高的地区之一。流经门前的清源溪，富含多种矿物质，是很多人期望已久的梦想去处、是疗愈身心的世外桃源。民宿拥有多种形态的景观客房、养生温泉、餐厅、酒吧、书吧、茶室、禅室、咖啡厅、活动室、居酒屋、会议室等设施。唯美而非日常的场景，唤醒每个人对乡村文化生活的向往。龙观禅那艺术民宿现拥有 18 间客房，房内大部分家具多为木制、竹制品，有着原木的自然清香，模样更是别致；每一间房的命名都有温度、有诗意，如问泉、观花、寻莺、捧砂、入梦等。

房内均配备中央空调、地暖、进口丝涟床垫、全亚麻的客用床品，就连一把小小的木梳都是借鉴甬剧而精心设计。部分房间带有榻榻米，通过透明屋顶适合冬日赏雪、夏日观星。

龙观禅那艺术民宿在 2017 年 10 月加入全球心赏美宿环球联盟组织，并于 2017 年 12 月荣获了宁波市旅游发展委员会颁发的“宁波十佳特色民宿”，2018 年 1 月荣获了浙江省首批、也是宁波地区目前唯一一家“白金级”民宿大奖，2018 年 3 月荣获由浙江省旅游总评榜颁发的“2017 年度游客喜爱的民宿”，2018 年 7 月被评为“中国最佳民宿”等。

民宿有咖啡厅、酒吧、书吧、温泉，旁边有美丽的水库，禅那溪水里摸青丝、抓溪坑鱼，有原始登山道等。

民宿地址：

海曙区龙观乡龙溪村老南坑。

民宿周边景区、景点：

蒋介石故居、雪窦山风景区、天下第一桃园、岩头古村奇遇谷等。

民宿特产、美食：

鄞江桥头小龙虾、奉化水蜜桃、芋艿、苔菜千层饼等。

向阳舍茶主题民宿

向阳舍茶主题民宿，坐落于风景如画的五龙潭茶园之中，不仅是一个供游客休憩的温馨之所，更是一个传承与展示中华茶文化的胜地。依托这片千年古茶园的丰厚底蕴，民宿配套了先进的制茶体验工厂和茶文化博物馆，为游客提供了“一站式”的茶文化体验之旅。

走进民宿，仿佛步入了一个静谧而雅致的世外桃源。向阳舍，顾名思义，是一座沐浴在阳光下的温馨小屋。它依山而建，三面环山，一面平原，仿佛是大自然精心雕琢的一幅画卷。缓坡茶山轻轻虚掩，外牌楼水库的山泉则如丝带般环绕全庄，为这里平添了几分灵动与生机。

山泉溪流汇聚到庄前浅浅的人工湖中，湖水清澈见底，鱼儿在水中自由游弋。偶尔，几只白鹭飞来，在湖边觅食、嬉戏，让这片宁静的山水即刻动感起来。站在湖边，呼吸着清新的空气，感受着大自然的馈赠，仿佛所有的烦恼都随清风飘散。

向阳舍的外观设计简约而不失雅致，通体白墙灰瓦，与周围的龙观山、溪流、田园景色和谐一致，令人心安怡然。走进屋内，脚下的路用一块块老砖铺就，每一块砖都仿佛在诉说着过往时光。拾级而上，仿佛能听到岁月流年里的咏叹，唤起对往昔的无限回忆与怀念。

民宿的整体格局与传统农居院落一致，墙面是仿生态泥墙，质朴并充满乡土韵味。这里的每一处细节都饱含了对传统文化的尊重和传承，让人在享受现代舒适的同时，也能深度体验到悠久文化的独特魅力。

除了舒适的住宿环境，向阳舍还开展了丰富多样的茶文化活动。游客可以在制茶体验工厂里亲手制作茶叶，体验制茶的乐趣；可以在茶文化博物馆里了解茶叶的历史和文化；可以在茶艺培训中学习泡茶技巧和艺术；可以在茶叶品鉴中品尝各种名茶，感受茶香的魅力。此外，游客还可以参加传统手工做茶等活动，亲手制作属于自己的茶叶纪念礼物。

向阳舍周边还有众多著名的旅游景区，国家 4A 级景区“五龙潭”以其秀丽的自然风光和神奇的传说吸引着无数游客；国家 5A 级景区“溪口”以其丰富的历史文化和独特的自然风光著称；省级森林公园“中坡山”和省级运动休闲旅游优秀项目“绿谷龙观 50 公里古道”则为游客提供了亲近自然、享受运动的好去处；市级赏花基地“李岙桂花园”和浙东天池“观顶湖”更是赏花和观景的绝佳之地。

从宁波市区出发，沿着机场高架和 214 省道一路前行，经过高桥、鄞江方向，再转入龙观、观顶湖方向，即可轻松抵达。向阳舍慢生活农场，交通便利，风景优美，是休闲度假、体验茶文化的理想之地。

民宿地址：

海曙区龙观乡向阳大道 6 号。

民宿周边景区、景点：

五龙潭、中坡山、绿谷龙观 50 公里古道、李岙桂花园、观顶湖等。

民宿特产、美食：

手工茶、五龙香茗、烧烤、火锅等。

1975

拓野山居民宿

拓野山居民宿，坐落于宁波网红地“最美风车公路”的怀抱中，这里环境清幽、空气清新，仿佛是大自然的一处隐秘宝藏。民宿前身是陈婆岙自然村的一所小学，承载着无数村民的童年记忆。民宿主人俞莉波，一个充满活力和创意的年轻女孩，在2017年大学毕业后，毅然选择返乡创业，将这份对家乡的热爱和情怀付诸实践。

在当地政府的支持和鼓励下，俞莉波开始着手改造这座废弃的小学。她花费了一年时间，精心设计、精心装修，将老旧校舍变成了如今充满生机和活力的拓野山居民宿。每一块砖、每一片瓦都见证了她的辛勤付出和不懈努力。

2018年，拓野山居民宿正式建成并开始营业。凭借其独特的地理位置、优美环境和优质服务，民宿很快便赢得了游客的青睐和好评。拓野山居荣获“浙江省银宿”荣誉称号，这是对民宿品质和服务的高度认可。

民宿内共有5间精心设计的客房，每个房间都配备了舒适的床品和现代化的设施，让客人能够享受到宾至如归的感觉。此外，民宿还配套有棋牌室、茶室、KTV、影院、游戏厅、会议室和餐厅等设施。

无论是朋友聚会、团队团建或是休闲养生，都能在这里找到适合的活动和乐趣。

拓野山居民宿的独特之处在于它位于山顶之上，独栋建筑，周围环绕着一方静谧的小院。民宿以包场为主，保证了客人的私密性和清净性。在这里，可以远离城市的喧嚣和繁忙，享受大自然的宁静和舒适，感受山间的清风和鸟鸣。

七年来，拓野山居民宿已接待无数客户，他们来自四面八方，有的是为了寻找一处宁静的度假胜地，有的是为了感受乡村生活的美好。民宿的成功运营，也为附近百姓带来了实实在在的利益，许多村民通过销售农产品给民宿客人，实现增收致富。

对于俞莉波来说，创办拓野山居民宿不仅寄托了她对家乡的情怀，圆了她的梦想，也让她有机会为这片土地和这里的人们作出贡献。她希望通过自己的努力，让更多的人了解并爱上这片美丽的土地和淳朴的村民。同时，也希望能够为荒废的小学重新延续生命力，让这里再次焕发出新的光彩。

拓野山居民宿是一个充满故事和情怀的地方，它见证了俞莉波的成长和付出，也见证了这片土地和这里人们的变化和发展。在这里，你可以感受到大自然的美丽和宁静，也可以感受到人与人之间的温暖和真诚。如果你正在寻找一个远离城市喧嚣、享受乡村生活的好去处，那么拓野山居民宿一定是一个不错的选择。

民宿地址：

鄞州区横溪镇梅溪村陈婆岙（原小学）。

民宿周边景区、景点：

最美风车公路、石梅古道、亭溪岭古道、松石岭古道等。

民宿特产、美食：

高粱酒、笋干、葱烤河鲫鱼等。

芜舍

“夏听鸟语蝉鸣，冬品腊梅送香；雨观朦胧仙境，夜看群星璀璨。”这个芜舍，简直美得不像样！鄞州横溪梅树湾，芜舍民宿在那里静悄悄地绽放，却抵不住朋友圈好奇的眼光。

从横溪镇上到芜舍，驱车要走一条长长的山道，越过远山望见白云缭绕的风车时，芜舍就到了。芜舍民宿掩映在山林间，静静轻轻。苍翠茂密的山林、碧波荡漾的水库，水光山色、凉风阵阵，这里犹如一幅浓淡相宜的中国画。

芜舍的女主人——艾米，她素雅文艺，在她前前后后的精心装修及精细打理下，民宿精致得让人赏心悦目。艾米有一个理念，芜舍要让客人亲近自然的同时享受心灵的宁静。

掠过青砖黑瓦的影壁墙，墙外天高路远。墙内，却别有洞天——木屋、泳池、花架、庭院、树木、秋千、草坪相得益彰。屋内风拂着书页，音乐舒缓地跳动，荷花肆意地绽放；屋外是清朗的天，明媚的阳光，青草带着晨露。

大厅的木屋顶很高，独有的木质结构让客厅融合了古典和现代的气息。静谧的卧室连接着大厅——楼上楼下、屋里屋外，视野开阔，非常适合几户人家一起入住。

闲下来时客人可以在院子里喝喝茶、看看书、聊聊天。如果是运动爱好者，也可以去院子外面的步道走走，或者去跑山，释放久违的多巴胺。

芫舍前院设有丰富的公共设施，宽大的多功能放映室可用于观赏影片、唱歌；会议室有可供 20 人左右围坐的方形大木桌；客厅可安排家庭晚餐、私人定制的餐饮等。处处彰显芫舍民宿舒适、自在、自然的居住理念。

在芫舍民宿，没有高楼大厦和川流不息的车辆；临窗眺望，有湛蓝的天空，有门前绿树成荫、蝶飞莺啼的田园风光。“看庭前花开花落，望天上云卷云舒”，身体得以彻底放空，心灵得以完全释放。

芫舍民宿周边怎么玩？芫舍地处横溪镇梅树湾，横溪登山步道从芫舍门口横穿而过。比较有名的双石岭古道就在不远处，双石岭是浙东名山大梅山的一部分，是昔日横溪镇通往鄞东南山区的要道之一，与亭溪岭齐名。相传早在两千年以前，西汉名儒梅子真为避王莽之乱，千里迢迢来到横溪，然后翻越双石岭，隐居在大梅山深处的山岭上，对面山有双石对峙，由此得名。双石岭蜿蜒十余公里，再向南延伸到赤堇童村。此外，芫舍周边还有亭溪岭和凤凰岭两处古道可以选择。

除了古道，喜欢网红打卡的宾客也可以去不远处的“宁波最美风车公路”。从芫舍开车上去只需要 10 多分钟的时间，若选择步行或者跑步前往，或许还能发现沿途更多的美景哦。

芫舍，

一处释放心灵的山里人家，

一座远离尘嚣的森海木屋，

一个曲径通幽的人间秘境。

等你来，

芫舍一直都在。

民宿地址：

鄞州区横溪梅树湾芜舍。

民宿周边景区、景点：

横溪登山步道、双石岭古道、亭溪岭、凤凰岭古道等。

民宿特产、美食：

鱼头、牛排、蒜香排骨、土鸡汤等。

大嵩里民宿

倘若你喜爱登高望远，或想远离城市喧嚣，放松身心，那么大嵩里民宿将是一个绝佳的选择。

大嵩里民宿地处中国“天然氧吧”大嵩岙村，位于宁波十大古道——大嵩岭古道边上。这里背依福泉山、面临象山港，山清水秀、鸟语花香，远眺层峦叠嶂、近闻溪水潺涓。居住在大嵩里，徒步古道半小时即可领略柱岩、仙人脚印之胜景，出门亦可把玩放笼捕鱼之雅趣。

逃离钢筋水泥的城市，来到大嵩岭古道脚下。这里依山傍水，拥有一座花园，“鸟语穿云静，溪声入梦清”。小院花园景观设计，莲叶鱼游，别有一番独特韵味。这是属于宾客的一方私家花园，鲜花簇拥，环境幽静。“无事敲棋落，闲来煎茗香”，雨天更可闲坐听雨声。步入民宿，前庭绿草如茵，秋千荡悠；再往内走，穿过幽深小径，后院竹影摇曳，落英缤纷，恰如一幅古朴的田园画卷，惬意而富有生机。

民宿占地600多平方米，建筑面积400多平方米，有7个风格各异的房间，名牌卫浴、进口床垫、中央空调、进口地暖、柴火壁炉、五星酒店定制床品等设施，为客人提供贴心的管家服务。民宿拥有阳光餐厅，可容纳 17 人同时就餐，并提供包餐服务，适合公司年会、团建、亲朋好友轰趴等。

在民宿的角角落落，巧妙地融入了许多神奇而古老的扎染作品。提起扎染工艺，往往会联想到古老、传统、时尚，它们神奇、独一无二，民宿主人专业从事扎染行业十五载，在这温馨的民宿里，让中国古老的手工艺术作品——扎染，融入现代的时尚元素，通过“大嵩里民宿”这个平台展现给客人。民宿不定期举行扎染艺术 DIY 活动，让更多人了解扎染、学习扎染，了解中国传统文化，传承宝贵的非物质文化遗产。

登古道、钓溪鱼、品海鲜、数星星、学扎染；一壶小酌、一曲通幽，喧嚣归来一小院，何不来偷得浮生半日闲。

民宿地址：

鄞州区瞻岐镇西城村大嵩岙 3 号。

民宿周边景区、景点：

瞻岐山、大嵩岭古道等。

民宿特产、美食：

竹笋、山菌、瞻岐糕点等。

勿舍·莲心谷民宿

在浙东的群山环抱中，隐藏着一个名叫毛岙的小村落。曾经，这里默默无闻，寂静得仿佛与世隔绝。然而，随着一位民宿主理人的到来，这个古老的村庄焕发出了新的生机与活力。

勿舍•莲心谷民宿宛如一颗璀璨的明珠，镶嵌在毛岙村的绿意之中。它不仅仅是一个提供住宿的地方，更是一个让游客深度体验乡村生活、领略乡土风情的绝佳场所。

民宿的建筑风格古朴典雅，与周围的自然环境和谐相融。步入其中，仿佛穿越时光，回到了那个纯真质朴的年代。内部的装饰也充满了浓厚的乡土气息和艺术感，每一处细节都经过精心设计和打磨，让游客在舒适的环境中感受到家的温暖。

民宿的服务更是一流。从接待到入住，从餐饮到娱乐，每一个环节都体现了对游客的关心和尊重。在这里，游客可以品尝到地道的农家美食，体验到淳朴的乡村生活，享受到无微不至的关怀和照顾。

民宿的成功，也带动了毛岙村的发展。越来越多的游客被这里的美景和民宿所吸引，前来体验乡村生活。他们的到来不仅为村庄带来了可观的收入，还促进了当地特色农副产品的销售，带动了村民的经济收入。许多村民开始从事与旅游相关的产业，村庄经济呈现出勃勃生机。

如今，毛岙村的民宿已经成为一个响亮的名片，吸引着来自四面八方的游客。游客们在这里可以远离城市的喧嚣，感受大自然的宁静与美好，体验乡村生活的惬意与舒适。而勿舍·莲心谷民宿，也成为乡村振兴道路上的一面旗帜，引领着更多的村庄走向繁荣与富强。

展望未来，勿舍·莲心谷民宿将继续在毛岙村这片土地上绽放光彩。它将以更加优质的服务、更加独特的风格、更加丰富的体验，吸引更多的游客前来体验乡村生活。同时，它也将继续与村民紧密合作，共同推动毛岙村的发展，让这片古老的土地焕发出更加绚丽的光彩。

民宿地址：
江北区慈城镇毛岙村方家25号。

民宿周边景区、景点：
慈城古县城、保国寺风景区、荪湖花海、毛岙－毛力休闲游步道等。

民宿特产、美食：
杨梅、红美人、毛笋、绿茶/白茶、年糕等。

六间房民宿

六间房民宿，坐落于浙江省宁波梅山岛，荣获浙江省省级银宿的殊荣，是这片海域的首家民宿。它静静地伫立在梅山这座美丽的海岛上，宛如大自然精心雕琢的一颗璀璨明珠，与周围的海风、海浪、绿树、蓝天共同构成了一幅绝美画卷。

民宿的创建背后，有着一个不平凡的故事。其前身是一座建于20世纪70年代的废弃老厂房，岁月在其身上留下了斑驳痕迹。在民宿主人房先生的巧手巧思下，这座废弃老厂房焕发出了新的生机。房先生是地道的宁波人，他把对收藏、品茶等品位的追求和自身的成长故事，融入了对本土生活的叙述中，并深深地影响了民宿的风格和氛围。

六间房民宿是一片用心打造的天地。主人亲自参与设计，将每一个细节努力打磨得尽善尽美。从房间的布局、到家具的选择，从装饰品的摆放、到公共空间的布置，都透露出独特品位和用心，把对这片土地的热爱，人与人的用心交流以及自己的爱好和品位分享给更多的人。摆放在民宿各个角落的收藏品，向客人们展现了非凡的审美与心思。

在六间房民宿，宾客可以感受到一种别样的氛围，这里没有城市的喧嚣和繁忙，只有宁静和舒适。可以坐在宽敞的阳台上，品一杯香茶，感受海风拂面的舒适；或者与朋友一起品尝美酒，畅谈人生，享受难得的闲暇时光。每一个角落都充满了艺术气息和人文情怀，让人仿佛置身于一个充满故事的奇妙世界。

除了舒适的住宿环境，六间房民宿还提供了丰富的体验活动。宾客可以跟随民宿主人一起，走进农村，感受大自然的魅力。在这里可以亲手采摘新鲜的蔬菜和水果，体验农耕的乐趣；也可以漫步在田野间，欣赏美丽的自然风光，感受大自然的恩赐。这些活动不仅让宾客感受到原生态生活的美好，也能更加深入地了解这片土地和这里的人们。

六间房民宿不仅是一个住宿的地方，还是一个心灵的驿站。可以让宾客远离城市的喧嚣和压力，回归内心的平静。可以放下工作的烦恼和生活的琐事，与大自然亲密接触，享受生命的美好和宁静。这里的人们热情好客、淳朴善良，会让宾客感受到家的温暖和舒适。

六间房民宿，这个充满了故事和魅力的地方，让人在享受美景的同时，也能感受到主人的用心和热情。对于那些渴望寻找一个宁静舒适之地度假并放松身心的宾客，那么六间房民宿绝对是一个不错的选择！

民宿地址：

北仑区梅山街道梅中村外塘田 2 号 2 幢。

民宿周边景区、景点：

梅山湾沙滩、梅山湾冰雪大世界、清修寺、港口博物馆等。

民宿特产、美食：

梅山洋蓟、梅山豆腐乳等。

花雨醉乡墅

在繁华的都市中，三位性格迥异、不同文化和从业背景的青年，带着对户外和乡村生活的深深热爱，决定共同打造一个与众不同的民宿，将自己的梦想和热爱转化为现实并分享。

2013 年，他们选择了位于奉化大堰的一处山谷，这里花香四溢，恬静如画，仿佛是大自然赠予人间的礼物。民宿的取名也别有趣味，三人各自网名为“花舞语”“尘雨”“追(醉)风三少”各取一字名为“花雨醉”。也寓意着在这里，人们可以沉醉于花香和雨声中，享受心灵的宁静和放松。经过数月的筹备和建设，“花雨醉”终于落成，主体由一栋主楼和三栋乡墅组成。

主楼的设计简洁而优雅，落地窗外是一片翠绿的山林，让人仿佛置身于大自然的怀抱中。三栋别墅“花”“雨”“醉”则各具特色，既有文艺的清新，也有简约的时尚，还有乡村的淳朴，可满足不同游客的需求。

这里的每一处，都由他们亲自设计、装修，并充分体现台湾著名设计师吴宗勋“回归自然”的设计理念，将“花雨醉”打造成了一个充满自然气息和人文情怀的地方。从房间的布局到家具的挑选、从庭院的绿化到菜肴的搭配，每一个细节都凝聚着他们的心血和智慧，充分体现了对生活的热爱和追求。

在这里，游客们可以在山林间漫步，呼吸清新的空气，欣赏迷人的风景；在这里，游客们可以感受大自然的宁静和美丽，可以品尝地道的美食，可以体验家的温暖和舒适。当然，除了舒适的住宿环境，“花雨醉”还提供了丰富的户外活动，游客们可以在这里徒步、骑行，尽情享受大自然的魅力。还可以在大堰的油菜花海中、在盛开的桃花中，赏花拍照、野餐聊天，感受大自然的清新与活力，留下美好的回忆。“花雨醉”逐渐成为一个知名的民宿品牌，越来越多的游客来到这里，感受着大自然的美丽和民宿的温馨。

2023 年 8 月，三位主人独具匠心，将“花雨醉”升级改造，精心整修，建筑面积扩展到 1500 平方米。此次改造整修的理念，追求了人与自然的和谐共存，让台湾著名设计师吴宗勋“回归自然”的设计理念与当地景观更加完美融合。从材料选择到自然元素形态的运用，再到光线照明和通风设计等，都努力营造一种质朴自然的氛围，为人们提供一个更加健康舒适的生活空间。至此，这小小的一方天地融中西、古今艺术韵味，别具一格，焕然一新。

漫步此间，乡墅如画。游客们将感受到花之烂漫、雨之诗意、迷醉之放松自我，仿佛置身于一幅唯美的画卷之中；可以感受岁月静好，让心灵在大自然的怀抱中得到宁静与慰藉；这里住宿如家，自然、轻松、舒适、健康、悠闲；这里可以尽情享受远离城市喧嚣的清悠时光，感受家的温馨与舒适。

此外，还为游客提供一系列特色服务，包括承办精品会议、团建、年会、惊喜求婚、聚会、草坪烧烤、烤全羊等特色服务。

三位主人也在这里找到了自己的归属和价值体现，他们用心经营着这家民宿，将自己的热爱和梦想传递给了每一个到访的游客。

如今，“花雨醉”乡墅已经成为大堰镇的一张名片，吸引着越来越多的游客前来探访。

远离繁华喧嚣，取静默一隅；觅自然风情，共天地气机。来“花雨醉”乡墅，能满足每一位游客超然世外，适意自在的美好追求，在宁静和快乐的光阴长河中，留下一段难忘的回忆。

民宿地址：

奉化大堰镇后大院。

民宿周边景区、景点：

柏坑水库、峡谷漂流、山门走马楼、福星古桥、柏坑祠堂等。

民宿特产、美食：

烤全羊、麻辣小龙虾、大堰的“十大碗”等。

奇遇谷·亲子童话民宿

奇遇谷·亲子童话民宿位于奇遇谷童话乐园景区内，适合小朋友们游乐玩耍。民宿所在的岩头古村，为浙江省历史文化名村，风景秀美，民风淳朴。老街保留着清末民初的建筑风貌，复建了钱庄、理发店、中药房、南货店等老店号，有毛福梅及毛邦初故居和皮筏漂流等多个景点。距离民宿十余公里外的溪口镇有雪窦山、雪窦寺、蒋氏故居、千丈岩瀑布等丰富的旅游景点资源。

奇遇谷·亲子童话民宿创立于2017年，是以建立梦幻童话的亲子旅游目的地为初心，精心打造的沉浸式山野轻奢民宿。民宿依山而建，有超丰富的奇特梦幻建筑，如浙江省内首屈一指的大型体验式倒立屋、绿野仙踪稻草人的靴子、匹诺曹的家、愤怒的浩克举起的房子，Kitty猫的家等。还有众多的亲子游乐项目，如萌宠乐园、儿童攀岩、戏水泳池、玻璃栈道、瞭望之塔、竹林烧烤、花海露营、钢琴恐龙屋等。民宿不定期举办充满田野乐趣的农耕体验、蔬果采摘、手工制作等活动，是家庭游、亲子游的首选之地。

奇遇谷景区以其“奇、特、异”为主题，有个性民宿童话屋、特色竹林餐厅、小型会议室、特色复古酒吧、游泳池与水上乐园、小孩蹦床、挖沙池、种植认养园、采摘园、钓鱼台、各种秋千、吊床等，园区有倒立屋、鞋屋、吊挂屋、斜塌、恐龙洞、玻璃蘑菇台等一些奇异的建筑，是亲子度假旅游的好地方。以“遇见”为主题，引导游客在猎奇的同时，对生活进行一定的思索。人生是一场奇妙的遇见，一路走来遇见不一样的人与不一样的风景，愿游客在这里可以美梦成真。

奇遇谷童话乐园七彩度假村作为岩头古村休闲度假区重点项目之一，自 2017 年开业以来，围绕着打造如童话般的亲子旅游目的地为初心，持续投资、不断完善和丰富设施功能及度假环境。目前拥有浙江省内首屈一指的大型体验式倒立屋，眩晕感扑面而来，平衡感较弱的游客几乎无立足之地，而平衡感较好的孩童和家长，还可以换上各式 Cosplay 服装，来一张与漫威英雄亲密接触的照片。

民宿拥有度假客房 16 间（套），涵盖了标准住宿至轰趴别墅的多种度假需求。距离甬金高速溪口西互通出入口仅 7 公里。除了以度假为目的之外，同样也是途经宁波不想进城却想“偷得一夜闲”的下榻优选。入住后可享受畅玩度假村内多种游乐设施的福利待遇，登记时乐小谷还会赠送当地时令欢迎水果一份，中午和晚间还可以到谷中的竹林餐厅，享受奉化溪口糯香可口的芋艿排骨、色香诱人的红烧水库鱼头、刚刚出水的沙蟹螺丝、劲道 Q 弹的竹林山鸡等。如果这些还不够，次日清晨再来一份暗金泛油的美味烤雷笋、肥硕透鲜的咸泥螺或者蘸酱白煮土鸡蛋下泡饭，原汁原味的地道本地味觉迸发于味蕾之下，胜却都市饕餮盛宴无数。

民宿地址：

奉化区溪口镇岩头村村委会旁。

民宿周边景区、景点：

奇幻倒立屋、空中玻璃栈道、观景星光塔、七彩玫瑰花廊等。

民宿特产、美食：

油焖笋、烤芋艿头、水蜜桃、奇遇谷瓦片鸡、红烧溪坑鱼等。

宁波隐居·溪口漫休谷度假山庄 

宁波隐居·溪口漫休谷度假山庄位于浙江省奉化市溪口镇岩头古村内。度假山庄依山而建，共有 29 栋独立木屋，包含了 42 间客房，有独栋木屋、二卧、三卧、Loft 以及独栋别墅房间可供选择，可以满足度假休闲、朋友聚会、团队活动等不同类型客户的需要。山庄里除了客房以外，还配套了餐厅、茶吧、室外泳池、会议室、室内外儿童活动区等，让住在这里的客人能不出山庄，就体验到隐居的山林生活。

整个山庄古木环绕、小溪潺潺，在山庄里居住感觉就像置身在大自然的怀抱里。度假山庄于 2018 年开业，整体分为两期。

山庄一期主题是“七彩童话世界”，在山谷的森林里错落着一幢幢七彩的小木屋，每一幢小木屋都是一套独立客房。木屋不仅外观颜色不同，而且屋里的装修样式也各不相同，让宾客每次来都有不一样的体验。住在山谷木屋里，清晨可以感受鸟语花香、午后可以体验温暖阳光、傍晚欣赏夕阳余晖、夜晚还有繁星点点。不仅像置身于浪漫的童话故事中，还感受到隔绝尘世的喧哗，找寻自己心灵的宁静致远。

山庄二期是“星空房系列”，所有的木屋是沿着山崖建造，有单间独立木屋，Loft 房型可供家庭使用。房间外配有独立泳池，夏天可以当泳池，冬天就是个室外温泉。住在二期的房间，白天可以一览山庄的美景，晚上可以仰望漫天的繁星。这里，不仅有诗和远方的浪漫，还有独栋别墅的私密性，满足多个家庭聚会的温馨环境需求。

“久在樊笼里，复得返自然”，在谷里浅浅地过一段山间的自然日子，恰会像神仙般自得。

民宿地址：

奉化县溪口镇岩头古村隐居漫休谷度假山庄。

民宿周边景区、景点：

应梦里民国小镇、蒋氏故居、雪窦山、岩头古村等。

民宿特产、美食：

奉城馄饨、手工糕点、煨年糕、奉化大饼、油焖笋等。

沄野和光·妙夏民宿

栖霞坑有座古庙名为“显应庙”，位于它的下方是地址为“庙下1号”的废弃小院，它就是“妙夏”的前身，谐音“庙下”作为民宿的名字，也寄寓“美妙的夏天”。小院共打造了5套客房，建筑面积560平方米。

历代文人墨客在栖霞坑村留下了大量诗篇，其中诗人陆龟蒙游栖霞坑写下了一首诗《四明山诗·云南》，成为妙夏民宿设计灵感的来源。五个房间也从诗中取字而得名，分别为“有溪、无泥、山颜、山岚、山清”。因妙夏小院坐落于山野之间，于是也融入了一个“绿植环绕、朴而不拙”的设计思想。5个房间也根据这首诗设计了各自的观景特色。

妙夏虽小，五脏俱全。最突出的元素便是绿植，庭院里种植了多种苔藓与蕨类，室内所有的装饰作品，都是植物标本装饰画。为贴合山居本色，所采用的装饰主材均是天然材料。同时融入了主人陈琳琳个人偏好，质朴的中古家居风格，打造出一种“既不失家的温馨与便捷，但又高于日常居家”的美学质感。为此，妙夏于2023年度荣获“金外滩陈设艺术金奖”“非凡酒店节杰出酒店奖”等设计奖项。

妙夏主房型是双层 Loft，一层起居、二层睡眠。作为闽南人设计的民宿，每个房间都有泡茶区；硬件设施方面，在最初设计时就有意识地参照了浙江省白金宿标准进行采购，一次性用品均采用家居定制产品，特别制作了帆布袋，方便客人带回家继续使用，支持环保。

在服务方面，妙夏增加了很多细节化处理。例如，客房冰箱里的食物全部免费；赠送晚安甜品、节日惊喜套餐等；特别设计的早餐卡，内容多达 21 种选项，客人可根据自己的口味与食量进行选择，第二天厨房现煮，做到既精准又不浪费。同时，还制作了订餐小程序、活动内容微店等，都可以协助住客便捷地提前规划好度假行程。妙夏的家宴，融合了闽南美食、溪口农家菜和创意菜，其中很多时令闽南小吃，来自主人的外婆和母亲之手。

妙夏的“去住宿化”理念，也是沄野和光最核心的服务。妙夏设计了各类体验内容，鼓励入住妙夏的客人放下手机走出去，去感受山野的疗愈功能，这才是乡村度假的真正意义。既可以在风景优美的餐厅享受到闽南风情美食、本地农家菜，又能在网红咖啡馆喝到来自厦门老手艺的单品咖啡；还可以在侘寂风茶室里，品一杯主人茶会的闽南功夫茶；以栖霞坑为核心，还制定多条徒步路线，由专业教练带队，引领住客挑战自我；还可以参与民宿研发的多种与植物相关的美学体验课程，亲自采摘、制作植物画等。

回归乡野，实际上是一件难事。妙夏希望通过民宿，为城市里的人们造一处“真正回得去的乡野田园”。

民宿地址：
奉化区栖霞坑村。

民宿周边景区、景点：
四明大桥发夹弯、栖霞坑古道、商量岗滑雪场等。

民宿特产、美食：
溪口农家菜和创意菜、时令闽南小吃、咖啡、闽南功夫茶等。

燕来山田民宿

燕来山田民宿坐落于奉化大堰镇谢界山村，一个鲜为人知、充满历史韵味的古村落之中，宁静而质朴。民宿四周环绕着静谧的山峦，以及人们辛勤劳作、日夜耕耘的农田，但出乎意料的是，很多人都喜欢这里，他们说燕来山田安静，不会被打扰，太适合放空和发呆。这个有着泥墙院落的清朝乾隆年间的老宅，受到了客人们的喜爱。宽敞的大厅、7 间客房，以及后院小山坡上的多功能厅和林间小木屋，成了抚平人们情绪的存在。诗意的田园民居，就静静地在这里。

正屋的一楼是一个多功能的大厅，以梁柱为界，划分为吧台、餐厅、休闲厅三个区域。北欧小吧台，沿墙的柜台上是来自各地的特色酒，还隐藏有自制的蜂蜜柚子酒、杨梅酒、桑葚酒，并有现磨咖啡、自制甜品、各色美味小食等。餐厅，位于大厅的正中位置，共可容纳 14 人同时用餐。休闲厅，有一台复古胶片放映机、两把锃亮的棕色沙发，旧屋柱恰到好处地划分出了一片投影墙，非常适宜喝茶、观影放松。餐厅日常提供农家小炒等菜肴，还会不定期组织野菜宴、杀猪宴等各类时令特色餐宴活动。

正屋后院露台上的玻璃房映射着天光山色，可容纳 30 余人的会议或用餐。玻璃房前是一方清浅的泡池，迷你却不失意趣，夏日是孩子们戏水的天堂，冬季则是来一场棉花糖篝火晚会的绝佳场所。

老屋原先的东、西两个厢房，打造成了燕来山田客房区，分为院里、阁楼和木屋三个区域，共有野奢亲子房、亲子房和大床房三种房型。

民宿周边有溪口岩头古村等值得一游的景点，岩头村处于天台山余脉，至今有600余年历史。环村皆山，山体多似生肖动物形状，并有岩溪穿村而过。岩头村不仅风光秀美，而且人文景观殊胜。清嘉庆大书法家毛玉佩真迹、摩崖石刻、蒋介石发妻毛福梅故居、毛邦初故居等人文景观密集且保存完好，维持着当初的风貌。还有大堰西畈村的高山梯田油菜花基地，占地520多亩，是目前宁波市最大的油菜花赏花基地，有“浙东小婺源”之称。在每年四月前后油菜花开时，漫山遍野一片金黄，吸引了大量游客观赏；油菜花期过后，沿途的桃花盛开，场景之盛，是非常值得打卡之地。九、十月份稻谷成熟时，遍野金灿灿，格外美丽。

民宿地址：

奉化区大堰镇谢界山村外新屋上闾门。

民宿周边景区、景点：

毛福梅故居、毛邦初故居、大堰西畈村等。

民宿特产、美食：

杨梅酒、桑葚酒、奉化芋艿头、奉化牛肉干面、红烧鱼头等。

贰十九号民宿

晨起看日出、雨后观云海！贰十九号民宿坐落于宁波市奉化溪口东山村，海拔400余米。村子距离溪口5A风景区8公里，离中国佛教名山雪窦山2公里，处在各个风景区中心点附近，交通十分便利。贰十九号民宿在村子里的中上部，占据了绝佳的视野位置，整个溪口古镇尽收眼底。

民宿建筑面积520平方米，从设计、土建、硬装、软装都由民宿主人亲自参与。历经两年多时间的沉淀与雕琢，最终于2021年5月在青山绿树中呈现。一栋纯白色的建筑，从大门进入便是艺术走廊，走廊上的照片记录了民宿的前世今生，从原先老房子慢慢蜕变成现在样子的一个过程。民宿一楼的整个区域，全部打造为公共空间，包含客厅、餐厅、茶室、棋牌室、敞开式厨房等功能区域。室内空间设计了一个小庭院，庭院内的树叶会随着时间流逝和阳光的照射，而呈现出不一样的光影画面，人在室内也犹如置身于大自然中。民宿总共有6个房间，为4个大床房和2个双床房。其中朝东的日出房，早晨醒来后缓缓打开窗帘，躺在床上就可以直接看日出，慢慢升起的太阳，让人感受时光的脉动。三楼设计为阳光房和观景露台，有足够的空间和可塑性，可举办订婚仪式、生日派对、好友聚会等活动，见证每一次情感暖流。

整个民宿用几个字来形容就是静、净、景于一体。民宿的主人是土生土长的东山村村民，整个童年时光都在这里度过，回忆起小时候抓知了、捉蜻蜓、挑马兰、采艾青等，不仅是童年的快乐，也是深入骨子里的乡村生活乐趣写照。把这份宁静、休闲、美好的乡村生活呈现给所有人，让幸福流淌在这不被外界打扰的闲暇时光中。相信宾客会在贰十九号民宿听风、观云、赏日出，看书、泡茶、爬古道时，深深享受这种“慢”生活！

民宿地址：

奉化区溪口镇东山村 29 号。

民宿周边景区、景点：

溪口蒋介石故居、雪窦寺、三隐潭、妙高台、徐凫岩等。

民宿特产、美食：

油焖笋、水蜜桃、千层饼、芋艿头、牛肉面等。

花庭东山上民宿

花庭东山上的民宿主人说："一直有一个梦想，希望有一个属于自己的空间，可以安静、笃定地做一些自己喜欢的'小'事，顺便能养活自己。可能民宿是这个梦想最合适的载体，于是就有了这个想法。"

民宿的规划设计，因地制宜，把日出云海、远山古镇、白雪秋月，这些诗意感受打造成民宿最触动人心的一部分。

植物花草是最能治愈人的。民宿设计制作了一个山顶花园，民宿的 LOGO 设计成一朵篱笆边"自然生长"的乡野小花。花是主题，庭是家园，花庭也就成了人们的第二个家。让宁静的小村生活治愈浮躁的心，疗愈更多来东山的客人。

每天置身在山里，大自然会赋予你神奇的能量，让心更平静。少了以前的焦虑，人会变得简单通透，遇见有趣的客人、有趣的故事，可以聊到天昏地暗；吃着自己种的菜，味蕾也越来越满足。

随着地方政府对民宿的重视，聘请中国美术学院设计师完成"东山民宿集聚村"整体规划，修复了村子里民宿通往雪窦寺的古道，拓宽进村的道路，亮灯工程、水利工程也一一完成，还建了一个观景平台。2023 年花庭东山上民宿又被评为浙江省级金宿。

2024 年，民宿方把村里的妇女组织起来，建设“花开东山共富工坊”，让村民一起在东山村建立更多的业态，使村子成为一个大花园，让村里的父老乡亲过得更好。

民宿地址：
奉化溪口东山村。

民宿周边景区、景点：
溪口蒋介石故居、商量岗滑雪场、西霞坑古村、雪窦寺等。

民宿特产、美食：
雪窦山的野菊米、花庭瓦片鸡、蕨菜烤笋、山里各季的山珍、笋干梅干菜等。

连山非宿

“连山”，山山相连，寓意生生不息，给予人旺盛的生命力；“非宿”，致力于提供非同一般的住宿体验。具体来说，“连山非宿”的理念就是从生活的角度，以开阔的视野、在地的思维，将大堰村的资源与文化创意相融合，打造以“知识经济为基础、永续发展为目标”的创意生活平台，不断吸引不同人群融入、体验乡村生活，再造地方魅力，实现共同富裕。

“连山非宿”占地 3500 平方米，共 16 间客房。每一间客房都独具韵味，有豪华套房、复式景观房、景观大床房、家庭房、联通房和双床房等不同房型，满足客人们的不同需求。一楼主要是公共区域，设有多功能厅，可供五六十人活动或举行会议；另有小型会议室、休闲茶室、健身房、儿童活动区等；配有超大餐厅及私密包厢，可供六七十人同时进餐。

民宿内各款设施都经过精挑细选，家具由来自马来西亚进口实木制作，同时与明清传统家具混搭；卫浴则来自德国高端卫浴；床垫从美国进口并配有五星级酒店标准的床品布草等；设有全屋地暖和中央空调，力求为客人带来非同一般的轻奢居住体验。

民宿2019年破土动工，2021年正式营业。“连山非宿”打造以“五色非+厚道生活”为核心IP。民宿所在地是大堰镇后畈村，后畈古称“厚畈”，为“厚土之地”之意。因此以“五厚”为文化内涵，“五色”为表现载体，设计了“五色非+”活动体系：一为绿色（厚土）：致力于自然维度的体验；二为红色（厚德）：致力于精神维度的体验；三为蓝色（厚生）：致力于生活维度的体验；四为玄色（厚艺）：致力于美学维度的体验；五为橙色（厚礼）：致力于物质维度的体验。

“连山非宿”绝不仅仅只是一个民宿，它还是平台，是一个有社会责任感、能让更多有识之士和社会力量共同参与乡村振兴的平台。民宿主理人致力于打造一个集企业、政府、高校、科研单位等多方联动的共富平台，已经与宁波财经学院合作打造了“五色非+”体验体系，与镇政府合作成立了“共富工坊”，与宁波市农业科学研究院合作成立了“科技示范基地”等。

通过“连山非宿”这个交流平台，寻找更多美好的生活方式、寻找更多志同道合的伙伴、寻找更多振兴乡村的途径。

民宿地址：

奉化区大堰镇后畈村下沙路1号。

民宿周边景区、景点：

大堰古韵风情村、常照江南第一村、后畈缸瓦艺术村等。

民宿特产、美食：

红烧鱼头、山间走地鸡、油焖笋等。

宋小姐别院

“宁波奉化宋小姐民宿”又称“宋小姐别院”，因主理人的太奶奶及其“宋氏酒坊”而命名。卓家的酿酒历史可以追溯到清朝，“宋氏酒坊”便是现在“灵运酒坊”的雏形，经过百年传承，已经是非遗基地。主理人也成为酒坊的第五代传人，并荣获奉化区“非物质文化遗产项目古法酿酒技艺桃花酒”的代表性传承人。

“宋小姐别院”采用“非遗 + 民宿 + 旅游 + 研学 + 生活”的农文旅综合化运营模式，通过深挖古法酿酒这一非遗项目，为游客带来了住宿、餐饮、文化相融的全新感受，让他们在民宿内不仅能感受到家的温馨，更能深入体验到几百年酒文化的韵味。“非遗”和“民宿”其实是一种辩证统一的关系，民宿作为一种为游客提供文化体验的旅游住宿产品，与非遗有着天然的契合度；非遗民宿也与游客“诗和远方”是双向奔赴的关系。在宋小姐别院，游客可以感受到那种久违的宁静与纯粹，仿佛时间都被拉长了，每一刻都充满着诗意；而远方，不仅仅是地理上的遥远，还是一种精神上的追求和寄托。同时，非遗民宿也是一个连接过去与未来的桥梁，在享受现代化设施的同时，能感受到那种古老的韵味和历史的厚重，这也是宋小姐别院所想要表达的一种生活美学和哲学。

在冬酿时节，宋小姐别院特别推出了古法酿酒体验活动和系列关于酒文化轻课程。游客可以亲手参与到古法酿酒过程中，感受传统工艺的魅力。这些举措不仅吸引了更多对酒文化有兴趣的客户前来体验，也让古法酿酒这门传承百年的技艺重新“走”出展柜、“走”进大众视野。

另外，宋小姐别院还致力于将“酒文化”从概念转化为文创产品。在相关文创产品设计过程中，民宿不仅考虑到产品的功能性，还注重它所传递的文化内涵和生活态度。例如，酒具设计参考了古代酒器的造型和材质，同时又加入现代审美和实用性，使其既具有传统韵味又符合现代生活需求。在产品包装设计的细节上，如雕刻图案等，也力求表现出酒文化的独特魅力。相信这些文创产品，能让客人感受到民宿主人对酒文化的热爱和尊重，同时也激发客人对生活的热爱和追求。最终这些“酒文化”主题文创产品还能够成为客人日常生活中的一部分，陪伴他们度过每一个美好时刻，在品酒时的享受或是日常生活中的点滴，都能感受到酒文化所带来的乐趣和启发。民宿的文创产品就不仅仅是一件物品，更是一种生活态度的体现、一种对美好生活的追求和向往。

民宿地址：
奉化区大堰镇谢界山村灵运路66号。

民宿周边景区、景点：
雪窦山、岩头古村等。

民宿特产、美食：
大堰十大碗、奉化水蜜桃、千层饼、“宋小姐的私酿”等。

"治愈生活的良方 就是保持对生活的热爱"

八年陈老酒

乡叙·王干山民宿

王干山位于宁波市宁海县，是《徐霞客游记》开篇地、中国旅游日发祥地，有前童古镇、伍山石窟、宁海森林温泉等4A级旅游景区，山清水秀，人杰地灵。

乡叙·王干山民宿位于宁波宁海县越溪乡王干山村。它有着极为震撼人心的自然画卷，三面临海的地势，是观东海日出、看沧海桑田的最佳去处。这里海湾渔景，万顷滩涂，各种景色交织，释放着来自田园风光里的无限温柔和浪漫。山下纵横交错的鱼塘，倒映着西下的太阳，站在视野开阔的木栈道上，天、海、山、田于一体。

乡叙·王干山民宿由两幢独栋别墅以及一栋轰趴别墅组成，共24间客房。各客房不同主题，风格也各有千秋。同时民宿有餐厅、多功能厅、轰趴房、咖啡吧、游泳池、台球室、KTV、户外休闲区等配套设施，集度假休闲、亲子友聚、会务团建服务功能于一体。乡叙餐厅尊重每一棵蔬菜的成长，选择新鲜、特色的食材进行烹饪，希望靠着天然阳光和雨露哺育，实现耕食于土地、应季而食、赏味最地道的当地菜色，将食物、自然、阳光都融于此，在日常之间、生活之外，唤醒记忆。

乡叙·王干山民宿既在为“观东海日出，看沧海桑田”的旅者精心打造了一个可以憩心的归宿，更为旅者精心营造了一种浓郁的乡恋情绪和一见如故的乡思乡忆。其背山靠海，拥有着绝美的山海风光，是观赏东海日出日落的绝佳地点。山下沧海桑田，光影折射，似一面天然镜子,映照着夕阳的余晖,呈现海天一色佳景。“霏霏晓雾，难掩翠微”，雨后的王干山，仙气四溢，飘飘然仿佛行至天界；点点风车，青砖黛瓦，犹如一幅水墨画。

民宿地址：

宁海县越溪乡王干山村 56-57 号。

民宿周边景区、景点：

油盐禅寺、前童古镇、横山岛等。

民宿特产、美食：

糟羹、长街蛏子、麦焦筒、麦虾汤、前童三宝等。

宁海花源里民宿

以“花”为名，宁海花源里民宿位于宁波市宁海县桑洲镇南岭村的油菜花基地中心，占地 30 亩。以四季花海与独栋石头屋度假小院为特色，是宁海十佳民宿、宁波院士之家·青英荟联盟基地，浙江省银宿，是有名的网红打卡地，被中央电视台、《人民日报》等媒体报道过，吸引了众多的领导与同行考察，并以主景地拍过电影《春天的马拉松》。

桑洲镇，四面环山，中间流淌着清溪的宁静之地，90% 以上的土地都为山川覆盖，没有工业污染。当地村民以自然农耕经济为主，90% 以上的年轻人外出工作，常住人口较少。在 2016 年的春天，主理人第一次踏入桑洲镇时，那梯田里金灿灿的油菜花在阳光下微笑，这片土地仿佛让人置身于“梦里江南”的画卷之中。

“绿水青山就是金山银山”，民宿从规划设计到建设、装修以及开业运营，都寄寓了乡村与在地文化的赋能，把花源与民宿的建设与运营融为一体。

当地村民也参与其中，既获得了收入和工作机会，也为美丽乡村注入了活力，并传承了民俗文化。

乡村的空心化和老龄化问题日益严重，而民宿的兴起吸引了更多的游客来到乡村，成为旅行的目的地。游客们在此体验当地文化，促进了当地的经济发展。同时，这也促使村里的年轻人回归，让闲置的房屋、农产品与田地重新焕发出新的活力。

民宿地址：
宁海县桑洲镇南岭村。

民宿周边景区、景点：
油菜花基地、前童古镇、梁皇山风景区等。

民宿特产、美食：
宁海美食、胭脂米、菜籽油等。

FLOWERSINN

宁海拾贰忆·温泉山居

宁海拾贰忆·温泉山居于 2017 年开业，地处浙江宁海森林温泉旅游度假区内，拥有浙江省最高 AAAA 级温泉资源。山居以自然景观和温泉资源为基础，融合当地人文，结合东方式的度假村设计风格，精心构建出一个独特的山林之家：不显刻意、自然包容、舒适幽雅。山居占地约十亩，共分为服务中心和客房两个功能区。服务中心为原景区游客中心，通过改造保留了原有游客中心功能，并把它作为山居的溪边景观餐厅，为客人提供本地美食和下午茶，同时作为山居的前台大厅、山居书房和多功能客厅。客房区原为南溪林场的 12 间职工宿舍，将它们改造建成了 12 间“一户一院一汤池”的温泉山舍，依溪傍山，舒适静雅。

2015 年，民宿主理人经过再三考察，依据南溪温泉得天独厚的自然条件，将度假村内废弃的林场职工宿舍进行改造，于是便有了第一家“拾贰忆”温泉山居。取名“拾贰忆”，意指即使人生不如意十之八九，又何不妨放眼想想一二，使每个到“拾贰忆”的客人都能寄情于山水，为浮尘之心寻一处诗和远方。

山居地处浙江省省级宁海森林温泉旅游度假区入口处，离城区和高铁站仅二十分钟路程，虽沉浸山林中却交通便利。在旧房的基础上进行改建，维持老建筑的文化历史感和岁月沧桑感；对破陋的屋顶进行修复还原，尽可能利用原有的屋梁和瓦片；外墙的青苔和剥落的墙面依旧保留，原生留白得到很好的体现。民宿内部装修以中式简约风格为主基调，没有华丽的装饰，以空间设计自由调整为主要理念和独特展现。

除了按休闲度假的需求进行民宿设计和周边拓展设计外，在客房以外增加配套的独立小院和独立茶寮，使客人在入住的时间里不仅仅有客房空间，更享有丰富空间内的度假体验。同时，居住以私密性作为度假风格的补充，营造“一户一院一汤池”的静谧氛围，没有公共温泉池的嘈杂，在整个区域内享受其独特性。

民宿地址：

宁海县深甽镇森林温泉 1 号、3 号。

民宿周边景区、景点：

宁海森林温泉度假区、宁海长寿村等。

民宿特产、美食：

宁海小海鲜、望海茶、长寿糕、土窑比萨、拾贰忆陈酿花雕酒等。

桑里云烟民宿 

在静城宁海县，花样桑洲被誉为“花语小镇”，民宿选址位于油菜花基地、屿南山岗的半山腰上。山体水源丰富，常常云雾缭绕，故取名为“桑里云烟”。

桑里云烟民宿原是一处传承上百年的四合院老宅，于 2016 年 6 月开始动工，在原有墙体的基础上修缮加高，调整原来结构，改造成一家新中式基调的新四合院。设置 7 个房间，分别用“道、德、仁、义、礼、智、信”命名，以中国传统四合院的居住模式，以传承孝道文化、倡导道德伦理的归位为理念，来滋灵、养心，采用光波理疗房、能量房、律动摇椅等功能器材，通过睡眠疏通人体经络，调整人体能量场，以达到舒压怡情，改善亚健康，这里是宁波市目前唯一一家疗愈民宿，并内设大国医李佃贵传承工作室。

庭院的白天和晚间、晴天和雨天，处处透着别样风味。晴天时，白天晒太阳，晚间看星星，目前的城里夜空已经没有这种奢侈的享受了。雨天时，看廊檐雨滴，听屋顶雨声，自然的声音不是乐器所能弹奏出来的。早起撩云雾、傍晚去山顶茶园的音乐广场上看日落、走古道、踏田埂，与大自然亲密接触，释放那些包裹自己身心的负能量。

客厅有书案，可练字习画，可留下您的墨宝；有茶桌，可与管家聊聊天，也可好友、家人们自泡自聊。管家庐愈阿婆从事道家养生近 20 年，在阿婆的执念里，真正的养生是要放在一个静谧的环境里，只要一踏进这门槛，就如同到了另一维度空间。山上空气负氧离子达到每立方厘米 3000 以上，阳光通透，整个气场完全不同。

在桑里云烟，可以晒晒太阳、做做自助、玩玩游戏，也可以在四合院里，享受大家庭的温馨。阿婆还擅长做各种素食，食材是就地取材。宾客也可以大展身手，自己做美食。在民宿和企业平台上，还提供了当地的特色小吃和农产品，尤其是当地的红米和小米。红米也称胭脂米，过去被钦定为御米，是作为贡品的，过去女人在坐月子时期，当地人常用红米补养身体。

说不尽道不完的康养环境和项目，需要用心体验，用心感觉，会发现没有白来这个不一样的桑里云烟。

民宿地址：

宁海县桑洲镇南山章 56 号。

民宿周边景区、景点：

宁海森林温泉度假区、宁海长寿村等。

民宿特产、美食：

宁海小海鲜、深甽烤鸭、望海茶、土窑烤鸡等。

桑里云烟

天行健自彊不息

四明岚舍民宿

“多年来扎根于四明山区，我懂山区。”这是余姚市大岚镇大俞村四明岚舍的创办人邓永强时常挂在嘴上的一句话。2013年，退役军人邓永强看到了四明山区民宿的广阔前景，二话不说就放弃了在城里打拼多年、已经小有成就的设计行业工作，投身于家乡大岚镇的建设中，投身于四明山区建设的大军中，带领着乡亲们，在这片他熟悉并热爱的土地上，构筑自己的民宿——四明岚舍。

余姚市大岚镇大俞村，属于山地丘陵，气候温暖湿润，光照和雨水充沛，四季分明。土壤质地黏韧，山地多为黄泥土；有一条平均宽15米、长3500米的河流横贯古村全境，直至流入奉化江和甬江。“苍崖依天立，覆石如房屋，玲珑开窗牖，落落明四目”。名闻天下的四明山就由“落落明四目”而得名。而大俞村最为著名的景点非四窗岩莫属，传说这里曾是刘阮遇仙处，给古村周边的山水带来了许多神秘色彩，而良好的生态环境，更使以四窗岩为核心的四明山有“天然氧吧”之称。

得益于这得天独厚的地理环境，民宿选址西大线山脚下榧树潭水库上游的罗汉谷，在政府和乡镇党委的支持下，从大俞村流转了几百亩竹林，开始罗汉谷景区和四明岚舍民宿的建设。榧树潭水库上游的落水流经罗汉谷，汇自成溪。沿十八罗汉古道溯溪而上，一路潭瀑相间、瀑泉奏曲，怪石嶙峋、藤蔓纵横，空气清新、鸟鸣相伴，小桥流水、婉约休闲，一派原始风光，令人神清气爽。古道上端还建有玻璃栈道和露营基地，是休闲登山好去处。古道下端的四明岚舍民宿，坐落竹林之中，北临幽谷深潭、天地峡谷，南靠山川漂流、依山傍水，非常能满足游客对山水隐居的追求。木椅、秋千、茶吧，加上院内绿植茂密，姹紫嫣红，春夏秋冬四季温度宜人，在小院里宅上一天，品茶、看书，自别有一番情趣。春种秋收是一个漫长的过程，也是一个让人惊喜的过程，还是一个积累经验、不断学习的过程。

虽然是初次踏入民宿行业，但在政府各项政策的有力扶持下，四明岚舍民宿连续多年被评为宁波十大情怀民宿、宁波最具创意民宿、醉美民宿杯和宁波市饭店业协会客栈荣誉会员等。

退役不褪色,四明山区做出彩。多年来邓永强发挥军人雷厉风行、心怀家国的作风和信念，吃水不忘挖井人，在生他养他的这片热土上，在形势大好的当下，正在以一步一个脚印的踏实和努力，奔向灿烂辉煌的明天！

民宿地址：

余姚市大岚镇大俞村西大线 1 号罗汉谷风景区内。

民宿周边景区、景点：

罗汉谷景区、丹山赤水景区、李家坑、茅镬村等。

民宿特产、美食：

柿子、油焖笋、溪坑螺蛳、水库鱼头、特色土鸡等。

树蛙部落民宿 

“绿竹入幽径，青萝拂行衣”。漫山翠竹的掩映之下，树蛙部落悄然生长，它坐落在余姚市鹿亭乡古村落中村风景区的怀抱之中、深藏在自然生态的山林之中。“树蛙部落”成立于 2017 年，余姚鹿亭乡树蛙部落是第一个项目，于 2018 年 4 月正式对外营业，客房区建筑面积 460.5 平方米，园区整体面积 5000 平方米。民宿位于余姚市鹿亭乡东南部，地处四明山山脉东麓，与宁波、余姚市区相距约 40 公里，环山公交连接着古村落与市区，往来交通十分便利。周边更有四明山国家森林公园、四明湖、丹山赤水、白鹿狮峰观景台等著名景区，以及紧邻“中村——地坪岗”精品徒步路段，得天独厚的地理优势使其尽享自然与人文相融合的景观风物。

宁波余姚河姆渡是中华文明重要发源地之一，也是树屋的灵感之源。余姚树蛙部落四面环山，溪流自山顶穿“城”而过，平地而起，依树而建，是一家绿色生态、亲子度假为主题的高端休闲民宿。拥有三角树屋亲子阁楼、星空穹顶房、鸟巢房、乡野房车等 4 种房型，共计 14 间客房。客房均为木质结构，采用绿色自然且具有防蚊虫效果的木料加工而成。客房内配有睡眠灯，保证游客在自然中入住时能有一个安眠的夜晚。同时，民宿配备餐厅、户外草坪、儿童娱乐室、活动教室等娱乐休闲场所，前厅的三联书店阅读空间有大量书籍，以自然类读物为主，亦有散文、小说、建筑、烹饪类书籍供宾客选择。此外，树蛙部落四季皆有不同乐趣，冬末春初时节鲜笋茂盛，上山挖笋，一步一景，颇有“采菊东篱下，悠然见南山”的意境；夏秋之际，一把小木椅，坐在溪边树下，枕流漱石、吞花卧酒，感受青竹丹枫、竹烟波月。置身其中，甚有陶渊明《归园田居》中“久在樊笼里，复得返自然”的隐居意境。

树蛙部落自成立以来，一直秉持“自然、生态、可持续”理念。取名树蛙部落，是因为树蛙堪称生态环境检测师，只有在生态环境特别好的环境下，才会有树蛙的踪迹；房间离地构造是为了不破坏当地的自然生态环境。入住树蛙部落，就是住在了森林里，与虫鸣鸟叫为伴、与溪水清风为友。在这里，可以找到各种各样的动植物，真正认识大自然的生物多样性；在这里，可以远离繁华城市的喧嚣，感受“独坐幽篁里”的宁静；在这里，可以放下心中烦闷与压力，释放自己，享受自由野趣。

民宿地址：

余姚市鹿亭乡中村。

民宿周边景区、景点：

鹿亭中村、狮峰观景台、四明湖、四明山国家森林公园、丹山赤水风景区等。

民宿特产、美食：

河鱼、中村笋干、中村番薯粉丝、树蛙 IP 玩偶等。

Tree Wow

浙东四明山书画院

余姚市浙东四明山书画院，坐落在素有“高山台地”“诸水之源”“天然氧吧”之称的大岚镇境内。这里海拔500米，常年气温较平原低4～5摄氏度；这里春有百花、夏有清风、秋有桂香、冬有白雪，更有云海奇景。近旁有4A级景区丹山赤水以及四窗岩、姚江源头、升仙桥等景点，环境自然造化、钟灵毓秀，是广大城乡居民以及企事业工会组织培训教育、健康休养的理想胜地。

画院占地50亩，建筑面积9000平方米，由数幢仿明清古建筑群组成，风格古朴典雅。院内有一小山园林，遍植竹木，间叠奇石、亭台、瀑布水帘，可漫步、可登攀、可休憩、可远观。画院拥有餐饮、住宿、会议室、娱乐、茶吧、书画创作展览室、阅览室等设施，其中住宿客房有套房、标准房80间；餐饮包厢、大厅齐全，可同时容纳200人就餐；大、中、小培训室、会议室3个，音响设施、多媒体设施齐全。画院自开业以来，已多次举办大型书画展览、全国围棋甲级联赛、中秋民乐茶话会等文艺体育活动，同时多次承接了上海、杭州、宁波以及市内外企事业单位培训、拓展、总结表彰、论坛等商务会议活动。先后成为中央艺术研究院、中国美术学院写生创作基地、中国茶叶研究院农科实践示范基地、浙江大学学生实践基地，有知名围棋大师江铸久、芮乃伟“江芮围棋四明山工作室”等。画院拥有一支素质高、管理强、业务精、服务好的管理团队和业务团队，同时聘请了一批省内外知名的艺术界、教育界、管理培训界等业内人士担任画院师资，能为各企事业单位开展培训活动提供教育和服务。

民宿地址：
余姚市大岚镇丁家畈丹山路 1 号。

民宿周边景区、景点：
丹山赤水、四窗岩、姚江源头、升仙桥等。

民宿特产、美食：
茶叶、蜂蜜、番薯枣子、番薯粉丝、大岚十大碗等。

句余客栈 

繁华城市的喧嚣之外，有一个满载诗意与温情的独特空间——句（gou）余客栈，它坐落在四明山的怀抱之中，犹如镶嵌在绿色生态的画卷之上。句余客栈于 2018 年 8 月 26 日开业，2023 年被评为浙江省银宿，建筑面积 592 平方米，位于余姚市四明山镇梨洲村（明末清初大思想家黄宗羲先生的故里）。地处余姚四明山度假区，海拔 700 余米，位置得天独厚。刚好处于宁波最美公路浒溪线中心点附近，交通十分便利。依山傍水，紧邻四明山国家森林公园、四明山地质公园、仰天湖、丹山赤水、商量岗滑雪场、雪窦山、徐凫岩等著名景区。周边景点多且往返快捷，是四明山腹地名副其实的旅游集散中心。

句余客栈背靠青山、面朝溪流，白墙黑瓦、一步一景，是一家高端度假休闲、绿色生态、亲子度假为主题的民宿。拥有豪华亲子房、温馨亲子房、句余套房等房型。设计风格来源于“醉美七彩四明山”，客房内部采用彩虹的七种颜色“红、橙、黄、绿、青、蓝、紫”进行配饰，象征着美好、童话、自然、幻想，寓意着好运、成功、快乐的到来。同时，民宿还配备了餐厅、户外烧烤、乒乓球室、台球室、儿童游乐园等休闲娱乐场所，并开设有亲子互动手工作坊。整体环境努力打造与“四明山林枫竹”共呼吸的睡眠体验，并用最美的视觉符号，让游客找到属于自己的热爱，实现最舒爽的度假梦想!

民宿的主人对住宿品质要求很高，选择在大山里建设以亲近自然和亲子文化为主题的民宿，希望为家长和孩子们提供一个快乐、有趣、健康、休闲的亲子度假环境。

句余客栈坚持“极致细节，漫溢情怀”的服务理念，旨在打造怡然休闲的度假慢生活。春赏樱花红枫，夏享清凉山风，秋看万紫千红，冬观雪花雾凇，此地一年四季皆风景。山水之间、鸟鸣为伴、流水相依，如画般的世外桃源，远离烦扰的喧嚣，欢迎来享受美好时光!

民宿地址：

余姚市四明山镇梨洲村。

民宿周边景区、景点：

丹山赤水、四明山商量岗滑雪场、雪窦山、徐凫岩等。

民宿特产、美食：

茶叶、笋干、大岚十大碗等。

句余客栈

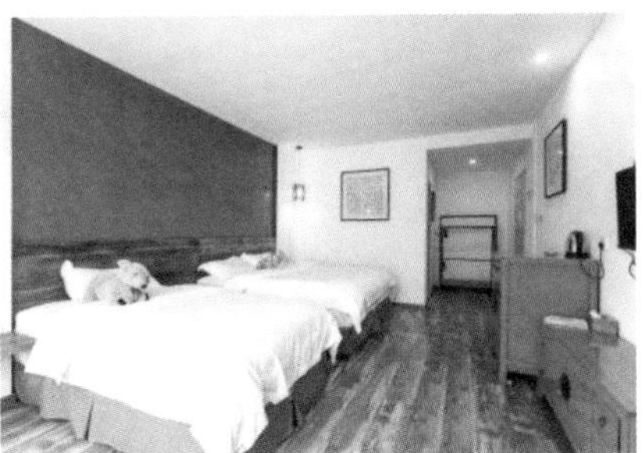

丹湫谷民宿

丹湫谷民宿位于四明山丹山赤水景区腹地，是藏在山谷里的度假小木屋，共有 7 幢 15 个房间。木屋沿溪而筑，被竹林环抱，依着群山，颇有小森林的避世之感。木屋房区到对岸，由吊桥相通，有一座山谷里的咖啡厅，提供精品茶点与美食，适合发呆、放松，当然也适合安静地办公或创作。

沿溪而上，经几处清潭，可由山路走进柿林古村。山野风貌，趣味盎然，春赏樱、夏涉溪、秋看山、冬盼雪，每一个季节都值得你来。山谷里的咖啡厅，临溪而建，背靠大山和竹林，气质安静，可以闲坐在户外露台，吹着风、听着溪流声，看鱼儿在水里游来游去。在这里不会被打扰，做什么都很自在。

四面通透的玻璃房采光极好，背靠山野，与自然完美相融，宽敞的空间可以容纳多人活动，配有投影设备和卡拉 OK 设备，可以用作宴会厅、会议室、活动室。咖啡厅和玻璃房均可作为餐厅，日常提供农家小炒。会不定期组织流水席面、元宵宴等各类时令餐宴活动，亦可承接具有山野风格的企业团建、家庭聚会、毕业旅行、小型婚礼等活动。

附近还有诸如丹山赤水和四明山等著名风景区。丹山赤水风景名胜区位于宁波余姚市大岚镇柿林村，地处四明山腹地，气候宜人，是一处以峡谷景观为依托，以道教文化、浙东古山村风情为文化内涵，以绝壁、奇岩、古桥、流溪、飞瀑为特色的风景名胜区。其中，全长 299 米、垂直高度约 120 米的如意玻璃天桥，因其惊险刺激成为最吸引人的游玩项目之一。丹山赤水之奇，还在于岩壁的一些小洞口，这些洞口能吹出阵阵清风，盛夏凉风习习，严冬腊月暖风扑面。四明山位于浙江省东部的宁绍地区，有龙虎山的气势壮观，兔耳岭的怪石灵秀，有着“第二庐山”之称。林深茂密，青山碧水，各种鸟兽出没其间，生态环境十分优越，被誉为“天然氧吧”。作为宁波最负盛名的山脉之一，四明山的四季之景皆美不胜收，春、夏、秋、冬各季都是四明山最好的打卡点。

民宿地址：
余姚市大岚镇柿林村横泾电站旁丹湫谷。

民宿周边景区、景点：
丹山赤水、四明山等。

民宿特产、美食：
茶叶、蜂蜜、笋干、时令水果、大岚十大碗等。

乡遇·大岚茶事民宿

乡遇·大岚茶事，是以茶文化艺术为主题的民宿，它是在老茶厂遗址上的艺术新生，是一段“茶文化”的历史讲述。

民宿主人毕生致力于茶事业，从青年到中年，从大岚到中国，乃至世界，都积极推动着茶文化事业的发展。

民宿是由顶级设计师亲自设计，保留了旧址部分原有的老建筑结构，并在其基础上运用现代手法新增时尚元素。在保留的老建筑空间里，还原旧茶厂制茶过程，实现新与旧的时代对话。

怀旧是一种情愫。大岚茶事，是大岚镇20世纪80年代的老茶厂和供销社旧址。走过的时光变迁，留下生动的岁月；触摸沧桑的墙壁，像追寻一个故事，穿透历史的长河缓缓而上。这里期待与你相逢，循着古迹探寻茶文化的真相。

民宿在软陈设计上以展现茶文化为主题。我们走访各地，挖掘出老茶厂的历史文化，收集与茶相关的老物件用以软陈设计、产品开发，是一种对茶文化的致敬，也是与时代的对话。

空间设计上采用新与旧的碰撞、文化与时尚的结合：墙面勾勒的线条，空间营造的光影；打造旧址艺术空间，保留老茶厂墙面；塑造网红打卡元素，设计网红无边泳池、雨帘秋千；极简白和原木的撞色等，酒吧、观景阳台、餐厅、包厢、品茶大厅等采用超大空间公区，满足宾客极致体验。

在这里，设计师为我们塑造了一个“回归·沐光·禅茶”的云雾大岚的美学生活度假空间。

乡野皆是温柔，秋冬浅藏浪漫。大岚的秋，六七点即已入夜，村镇灯火渐灭，民宿内炉火升起，和家人、朋友于壁炉前围炉煮茶、谈笑聊天。在一盏茶中消磨漫漫长夜，于一盏茶中娓娓道来人生故事。

在高山上，能欣赏到从白昼到夜幕最干净的原始美；能看到夕阳下层层的山峦披上薄薄的云雾，似一幅正在泼墨的动态水墨画；能欣赏到星辰下飞鸟不慌不忙地归家；能欣赏到裹挟着云层铺满苍穹的晚霞。

民宿地址：

余姚市大岚镇丹山路 18 号。

民宿周边景区、景点：

四明山国家森林公园、五龙潭等。

民宿特产、美食：

毛力蜜橘、毛岙山笋、慈城年糕等。

02

海·宿·篇

HAI SU PIAN

象山逆光莜舍民宿

“逆光莜舍”的主理人内心一直向往开一家海边民宿。机缘巧合下，在象山这个美丽的海边城市开始造梦，历时3年，终于打造出了“背靠青山，面朝大海”的理想之地。

民宿取名“逆光”，是想表达当代年轻人面对生活压力，追求梦想、不畏困难勇往直前的精神状态。“逆光”打造的不仅仅是一家民宿，更是一个有个性、有人情味的文创空间。

在设计初期，“逆光”团队在考察中了解到宁波象山地处浙江东部沿海，因当地岩石多、土地少、台风多的因素，当地人有用石头堆砌的方式来建造房屋的传统。随着现代新型建筑材料、工艺的出现及应用，已经逐渐放弃了这种传统的建造方式。因此“逆光”团队在建筑形式上，挖掘当地文化特征，运用艺术设计手法，更好地融合当地地理环境，并在设计上复原了一些当地建筑形式和工艺，充分结合现代居住需求，表达空间的多样性和美感，造就了“逆光莜舍”现在所呈现出来的样子。

原始渔村文化与现代空间设计相结合，让人们能够在“逆光莜舍”中找到一些传统情感的记忆，同时又能舒适地享受整个空间所带来的放松、沉浸的度假氛围。

设计团队不仅在建筑和空间上结合了大量的当地文化与工艺，软装家具上也采用了巧妙独特的设计，“逆光莜舍”民宿量身定制各种软装，最为特别的就是呈现在客厅的一组沙发，是自主设计的——取名“岛屿”。对海文化和渔文化的呈现不仅如此，民宿里所呈现的每一幅贝壳装饰画，都是亲手制作。在民宿施工建造过程中，经常会去海边、修船厂以及村民那里收集体现海文化的元素物件，比如网坠、网梭、贝壳、鱼骨架等。在制作这些标本的过程当中，学到了很多的海洋知识，也熟悉了渔村的过往和渔民的生活碎片，将海文化、渔文化融入民宿，并向客人传达和科普这些知识，深受大家喜爱。让来到“逆光莜舍”的每位朋友都能更加了解象山、喜欢象山。

作为一个度假民宿的载体，希望客人在感受当地文化之余，还能有高品质的度假体验。首先，品质的体现在于细节，在满足食品卫生安全、住宿消防规范等前提下，为了让客人在视觉上更享受、功能上更到位，做了很多高级定制，如简洁一体化洗脸台、智能灯光、电动窗帘、智能马桶、哈士奇冰箱、马歇尔音响、进口普娜矿泉水等。其次，关于逆光莜舍的“沉浸式度假体验”，也一直在增加各种活动板块，目前有下沉式花园餐厅、“芭蕉夏”烘焙坊、星光泳池、户外独立泡汤屋、下午茶庭院、日咖夜酒水吧、户外壁炉烧烤区、共享厨房等可供选择。

民宿地址：

象山县东陈乡东旦村66号。

民宿周边景区、景点：

绿野仙踪、东旦运动沙滩、王家兰草原、松兰山度假区、石浦渔港古城等。

民宿特产、美食：

象山红美人、象山青、川乌、野生大黄鱼等。

蜃海湾民宿

宁海蜃海湾民宿位于宁海强蛟镇的宁海湾旅游度假区，横山岛3A级景区内。因这片海域曾经出现过海市蜃楼，故取名为“蜃海湾”。宁海蜃海湾是华东地区罕见的海岛旅游度假地，整个岛屿仅有蜃海湾一家民宿，“一岛一宿一世界”，藏身于横山岛风景如画的山谷间，背靠森林，直面沙滩和大海，拥有无可比拟的自然风景和独特的地理位置。

蜃海湾民宿于2020年正式开业，2020年被评为“宁波院士之家·青英荟联盟基地”，2021年被评为“浙江省金宿”，2022年被评为“浙江大学农科教融合基地”,2023年入选“中国民宿百强榜”。蜃海湾民宿共有14间度假客房，配套有中央空调、中央地暖、中央热水、高端浴缸、蓝牙影音等品牌设施设备。客房置身于森林与大海之间，通过沿海栈道串联海岛景点。后山有禅修石径可往来于观音井、镇福庵、古树群、普南禅院等，森养石径连接丛林山顶、亭台楼阁。民宿基本服务包括多功能美食餐厅、会议棋牌、室内外茶室、露天泳池、沙滩运动、租船服务、婚纱摄影服务、水上运动服务、森林草坪沙滩区露营等。房客还可安排参与佛寺早课。蜃海湾民宿还可提供海岛婚礼、海岛旅拍、海岛餐饮、海岛旅居、海岛音乐、海岛派对、海岛研学、海岛禅修、海岛运动等特色定制活动。

宁海横山岛景区是一个宁海传统的海岛景区，原本仅满足宁海本地周边游客“到此一游”的需求，而随着新旅行与新生活方式的兴起，度假和深入体验当地文化已经成为越来越多人旅行的目的，传统的景点需要升级改造以满足新的需求。蜃海湾民宿前身是横山岛上一所海洋技术学校，始建于1958年宁海象山两县合并时期。2018年蜃海湾民宿将已经废弃的学校校舍，结合海岛的竹木石等元素，进行部分修新如旧、部分修旧如旧，于2020年开始运营，将一个海岛打造成了一个崭新旅游目的地、网红打卡地。实践在新的生活方式之下“度假民宿产业赋能传统景区”，通过一系列产品更新迭代，可让更多的游客进来并留下来，甚至一而再地选择这里作为目的地。即使在“新冠”疫情期间，宁海蜃海湾民宿每年也为景区带来超10%以上的优质游客，让景区焕新，也满足了新锐消费人群的旅行需求，促进了当地的经济发展。

通过宁海蜃海湾民宿的建设与运营，我们认识到“小而美”的民宿产业，能满足各种细分市场旅行与度假的需求，能发挥出更大的能量，成为乡村振兴切实可行的路径，并创造更大的商业价值。

民宿地址：

宁海县强蛟镇横山岛景区。

民宿周边景区、景点：

宁海横山岛景区、宁海湾旅游度假区等。

民宿特产、美食：

宁海湾小海鲜、宁海美食、海鲜大礼包、蜃海湾沙滩飞盘等。

朴舍民家民宿

拾朴实年华，忆一方寒舍，“朴舍”记录了一家人从城市回归家乡创业的故事。

“朴舍”位于茅洋乡白岩下村，是民宿主人的老家，也是养育他们两代人的地方。因为乡愁，也因为看好乡村的发展，于是在 2017 年，他们做了一个大胆的决定，将城区的房子卖掉回归乡村，在养育自己的这片土地上建造一个朴实无华且符合简约风格的民宿“朴舍”。“朴舍”也凝聚了家人的智慧和汗水，承载了一家人做好一件事的朴实愿望。

“朴舍”以宋风为主题来打造，离海边也不远，院内共 8 间房，个性相同，讲究古朴、自然。“朴舍”全部采用了木结构来打造，屋内由木材、毛竹、石灰等构成，主人坚持用最原始的材料和最传统的技艺建造，是想还原传统建筑最初的模样，也想让来到这里的每一位客人感受最原本的初心。院内铺的石板和草席是对儿时记忆的唤起;内院设计一步一景，栽种了红枫、松树、青苔等植物，并十分细心地去呵护，这是他们对“朴舍”爱意的表达。只要来到这里，就能看见河道、春草，感受炊烟人家。在这里感受黎明至黄昏，在庭院的幽静中感知星辰流转；在这里感受四季变化的动与静，体验古人“日出而林霏开，云归而岩穴暝，朝而往、暮而归，采花捕鱼”的生活。

民宿地址：

象山县茅洋乡白岩下村 28 号。

民宿周边景区、景点：

蟹钳港景区、茅洋玻璃栈道、茅洋青创共富农场、茅洋乡村欢乐世界、蟹钳港滩涂赶海乐园等。

民宿特产、美食：

象山里火龙果、茅洋小海鲜、野茗茶、蓬莱渔韵等。

樸舍

走点湾路民宿

南田岛历史悠久，自然、人文景观众多；海光山色，古庙古街无不显示其独有的特色。明嘉靖年间，谭编、俞大猷等在石浦主持抗倭；明永乐年间，县人俞士吉出使日本，在石浦南关桥起航；明末清初，抗清名将张名振、张苍水曾领兵在石浦一带抗清，留下诸多遗迹；清光绪时，南洋水师总兵吴安康率舰南援抗法，“驭远”“澄庆”两舰沉海于石浦港；兵部尚书彭玉麟曾亲自来石浦密访。境内 49 公里处的北渔山岛，清光绪时建有灯塔，称“远东第一大灯塔”；民国初年，历史学家吴晗少时随父任上，就读于石浦敬业小学（原金山书院）；革命先驱孙中山偕乡人、同盟会会员董梦蛟巡视石浦港；民国 15 年，蔡元培、马叙伦遭军阀孙传芳通缉，避难石浦延昌，并游观东门灯塔，题“出其东门，介尔昭明”。

民宿选址在宁波象山县鹤浦镇的大沙村，建造在离海边不足五分钟路程的山脚下。占地 600 平方米，由大沙村年代最久远的石屋与后面两层小楼改建而成。山海间、果园里，民宿主人用“我们以最笨拙的方式造房子，旧石、古瓦，围绕成荫果木。以匠人之心，精雕细琢。成就对这方土地的热爱，还原天地间最真实的美”来讲述民宿设计建造理念。

走点湾路民宿专注于江浙沪自驾休闲度假民宿，产品定位为江浙沪及周边中高端、有情怀、具备一定消费能力的人群，以家庭消费和自驾及美食爱好者为主。走点湾路民宿合院套间从设计上传承了当地渔村传统民居的特点，强调“灰砖青瓦、修旧如旧”的设计思想，民宿主楼则以现代全开放建筑形式，呈现山海美景的体验感受，同时硬件设施完善，内部居住舒适性高，提供多种增值服务和专属管家服务。

打破现状单调的农家采摘，营造丰富多样采摘体验。结合当地气候条件，引进特色果树品种，满足全季节采摘需求；结合果园实际，打造果园餐饮、果林探险等特色娱乐项目；结合当地条件，深层次挖掘整合旅游资源，形成有效旅游链条，全面带动当地旅游发展。

民宿地址：

象山县鹤浦镇大沙村 102 号。

民宿周边景区、景点：

石浦渔港古城景区、象山影视城等。

民宿特产、美食：

宁咸菜黄鱼汤、米馒头、麦饼筒、萝卜团等。

芷悠忆山民宿

距离石浦东站不远处，有一处充满自然韵味的民宿，它会让你摆脱浮躁的心，开启向往的生活。它临街而建，闹中取静；一半人间烟火，一半诗意绵延。位于石浦镇五新三家村的芷悠忆山民宿，坐拥优越地理位置，从此处出发，半小时内便可满足有关山海间的所有幻想；以半边山度假区、石浦渔港古城景区、象山影视城等多个知名景区开启山海序章；在饱览山川湖海的旖旎景致，感知小镇的烟火气时，顺便打卡影视剧中的知名场景。

民宿为 2 幢 4 层楼建筑，共 13 间房间。以现代江南风格为主，白墙黛瓦、错落有致、简洁朴实的设计风格是民宿的独特之处。屋内的一桌一椅、一床一榻都蕴含着温馨的气息，从细节上为住客打造惬意舒适的居住体验。随处可见的木色组合相互呼应，呈现出自然优雅的端庄气质。书籍与饰品，让空间显得简洁而又实用、大方。胆大心细的设计把空间的每一处细节都巧妙和谐地搭配，营造出一种舒适而安静的小资情调。每一处绿化都经过精心地规划，无论是藤蔓花廊、磨盘小径、诗画墙绘抑或是小桥流水。鱼竿鱼饵已准备就绪，闲来无事，去新扩建的河池边感受钓龙虾、钓鱼的自在乐趣。

带着孩子来这里能感受一份自然野趣，让他们感受到人与自然的和谐共处；大人们可以在这里让疲惫的心灵得到休息，这里是寻觅归属感的最佳地方。若是有亲朋好友一同前来，在清新空气围绕的屋檐下，品一壶好茶，与民宿女主人一同尝试制作象山的特色糕点，或许理想中的生活模样也不过如此。民宿内丰富的体验让宾客丝毫不会觉得无聊。

如果你热爱品茶，旅客随时都能用民宿内早已备好的茶与茶具，与茶香为伴，静静欣赏眼前的秘境之地；走进庭院中与自然相拥，捧一本好书或发呆，感受着时光的静静流逝，也不失为一种享受。夜幕降临时，朋友们齐聚，伴着美食，慢享时光，畅聊天南海北。在庭院内开启一场 BBQ 烧烤之旅，烤炉间的火光“星星点点”，是最治愈人心的烟火气。露天的聚会，不仅是舌尖的盛宴，更是减压神器，这里的每一刻都不受拘束。

民宿地址：
象山县石浦镇五新三家村 1 号。

民宿周边景区、景点：
中国渔村、石浦古城等。

民宿特产、美食：
萝卜糕、麻糍、海鲜干货等。

饮海三湾民宿

“三湾”，建在三湾古道上，背山面海。距渔港古城老街步行约300米，是每年“中国开渔节”的绝佳观景点。饮海三湾，有着“面朝大海，饮海而居”的诗意和浪漫。

40年前，约农历三月春汛时，数以千计的海豚从铜瓦门“鱼贯而入”，次第昂首于鱼师庙前，在海港内扬鬐鼓鬣、凌波起舞，频频跳跃叩首，蔚为壮观。尔后，向南摇尾而去，经下湾门或蛃门口而匿迹。大批海豚进港，港内渔民、渔船安然无恙，未曾发生过险情。

由于机械化渔业捕捞和环境影响，此景象已约40年没见到了。也许有一天，海豚会再现这样纵身一跃的场景。在石浦，最后的海豚湾，在静静地等待着。

“饮海三湾民宿”坐落在象山石浦三湾路观鱼弄17号，民宿以“海豚”图案为Logo，蕴含着海洋的气息和对海豚的期待。在饮海三湾能够看到石浦母亲港的渔船进进出出，看着渔港的潮起潮落。

“饮海三湾民宿”2017年获得浙江省首批金宿、2019年获得浙江省白金级民宿、2022年获得全国甲级民宿等荣誉称号。民宿总共7个房间，每个房间风格不同，每年入住率在57%左右，年民宿客流量约6000人次，其中入住人员2600人次，深得游客好评。

象山拥有丰富的特色物产资源，主要是以海鲜出名。如果来到民宿，能深刻地了解当地的海鲜特色，如什么季节吃什么海鲜、如何去采购海鲜、怎么制作海鲜等；另外，当地的特产如象山红美人橘子、海鸭蛋、枇杷、葡萄等，还有各种点心，也深受游客欢迎。

民宿根据不同的客人需求，为他们量身定制旅游路线以及不同的非遗活动内容，例如鱼骨画、麦秸画、鱼灯、鱼丸、鱼糍面制作等。民宿主人自身是高级茶艺师，在品茶论道过程中与众多客人成了朋友。一位来自兰州的游客留言："通过这短短几天的住宿，让我们对一座陌生城市有了更深刻的了解，建立了一座城市走向另外一座城市的友谊桥梁"。

"没来过饮海三湾，就等于没到过石浦。"象山应红娟作者在象山旅游书上写道。

民宿地址：

象山县石浦镇三湾路观鱼弄17号。

民宿周边景区、景点：

中国渔村景区、石浦渔港古城景区、象山影视城、檀头山岛景区、灵岩火山峰等。

民宿特产、美食：

咸呛蟹、咸菜黄鱼汤、米馒头、麦饼筒、红头团、炸虾饺、海鲜面、海鲜干货、红美人等。

遇上·青橄榄民宿

“遇上·青橄榄”是一家北欧风格的精品民宿，选址在面朝大海的晓塘乡西边塘鹁鸪头自然村。西边塘村地处三门湾、石浦港、大塘港交汇地带，桥海相连、花果飘香，是省级3A级景区村。鹁鸪头村三面环海，滨海环境独特，是个典型的风情渔村。民宿占地面积600平方米，共设有12间客房。将滨海风情的典雅与生态自然和谐地结合，打造为集休闲、娱乐、休憩、观赏等功能于一体的完美居所。“青橄榄”民宿主要是在现有的一些基础上进行相关设计和改造。

“青橄榄”民宿通过创意乡村休闲旅游业态、文化主题场地感知、特色滨海风情植物造景、特色精致小品景点等相关设计思想指引，旨在设计出一处集滨海、花园、休闲、度假为一体的乡村特色滨海居所。鹁鸪头本是一个古老静谧的小渔村，靠海的绿道、依坡而建的石屋，前邻后舍、高低错落。在这里，人间灯火游弋、天上星海旖旎；耳畔海风细语绵长，目及天水交相辉映。

作为接受着大海馈赠的象山人民，主人热情好客，在食材选购上，都是当天去附近市集去挑选优质的海鲜，亲自下厨，让每一位来到“青橄榄”民宿的游客，都能享受到原汁原味的海鲜。有条不紊地接待不同批次的游客，整理房间、定制客人们的菜单，把渔村休憩的幸福感带给所有的游客。庭院内养护着各样的花草，摆设秋千和茶室，将村中不同的树木，加工成形状各异的木墩子，带给客人们自然舒适的体验。

在新一代消费者的眼里，传统的五星级酒店对于他们来说，似乎并没有那么重要了。相反，设计美学、品牌背后的故事以及其所宣扬的生活方式，才是他们所看重的。对于80、90后这一群体来说，旅行于他们是一种仪式感，就像有些人再忙也要自己做一杯手冲咖啡那样。每天被繁杂信息裹挟的上班族紧张、焦虑，非常需要一个逃离眼前平庸生活的理由，换个地方体验全新的生活方式。他们追求的不再是单纯依靠价格划分出的阶层及其所带来的身份象征，而是一种独一无二的生活体验。因此，民宿主人觉得，民宿不只是一个酒店，而是邀请更多的人去体验当地的生活方式和风土人情。

民宿地址：

象山县晓塘乡西边塘鹁鸪头自然村。

民宿周边景区、景点：

海之湾户外大本营，知野咖啡·摩托车骑行驿站，东海半边山旅游度假区，中国渔村，石浦古城等。

民宿特产、美食：

红美人柑橘、阳光玫瑰葡萄、乌饭麻糍、渔家海鲜等。

大海小憩民宿

民宿主人心中一直在追寻一种理想的生活，一个宁静的地方，一份悠闲的闲情和一份深切的幸福。他曾站在雄伟的布达拉宫前，感叹那里的美景令人窒息，呼吸着清新的空气，感受着独特的文化氛围，徐永海的心灵得到了前所未有的平静。

为了追寻自由和理想，曾选择了丽江古城的一个小镇作为他的新家。在那里，每天早上，都能听到那首熟悉的、美丽的凤尾竹曲子，这种感觉美妙无比，也时刻提醒着他，所在的这个地方、这个城市、这段旅程是一段充满曼妙风情的美好体验。

回到老家后，他决定将老家的院子进行精心的装修和设计，改造成一家具有民族风特色的民宿，共拥有6间房间，包括大床房、标准间、单间和亲子房。

在经营民宿过程中，他秉持自然随心的理念，致力于为宾客提供省心、方便自然的生活体验。他知道民宿的世界并不是终点，而是人生旅程中的一次休憩，然后是一个新的起点。正如一位网友所说：“有一种情怀没有繁华酥骨却有魂萦梦绕，有一种情愫只可意会却不可言传，民宿有一种不羁放纵爱自由的意境”。自由的心境给每一位民宿宾客，带来人生新起点的体验和感悟。

民宿地址：

象山县石浦镇五新村峧头52号。

民宿周边景区、景点：

中国渔村、石浦古城等。

民宿特产、美食：

红美人柑橘、阳光玫瑰葡萄、渔家海鲜等。

鹤浦暖阳小筑民宿

在宁波市象山县鹤浦镇大沙村，有一处静谧而美丽的民宿，名曰“暖阳小筑”。小筑坐落在青山绿水间，仿佛是镶嵌在这片土地上温暖的避风港湾。小筑的守护者是大沙村的本地人，在这片土地上长大，每一个角落都充满了她的童年回忆。无论曾走过多远，心总是留恋着这片土地，那些熟悉的风景、那些纯朴的人情，让她始终忘不掉。直到某一天，她重拾这份珍贵的记忆，毅然决定将原本的老宅子改造成一家民宿，让更多的人能够来到这里，感受大沙村的美丽与温暖。

于是“暖阳小筑”便诞生了。刚开始的时候，小筑很朴素，只有几间简单的客房和一间简陋的厨房。女主人耗费心血和全部热情投入到了这个小小的民宿中，不断地装饰和布置，使它渐渐地焕发出了生机和活力。生活在城市中的人们，常常被喧嚣和繁忙所困扰，渴望找到一处安静的角落，远离尘世的纷扰，而“暖阳小筑”恰好就是这样一处避风港湾，它宁静而又温暖，让人仿佛置身于世外桃源。每当夕阳西下，斜晖映照在小筑的墙上，屋内的灯光温暖而柔和，宁静而舒适。

除了小筑舒适的环境，民宿里还有各种各样的特色美食，让客人在品尝美味的同时，也能够领略到大沙村特有的风土人情。女主人会亲自下厨，为客人们烹制一道道地道的家乡菜肴，让客人能够品尝到正宗的大沙村美食。随着时间的推移，“暖阳小筑”逐渐成为大沙村的一处风景名片，吸引了越来越多的游客前来入住。每一位来到这里的客人，都会被这里的美景和美食所吸引、被民宿主人的热情所感染，成为这里的忠实粉丝。

有的客人来自远方，疲惫的身心在这里得到片刻的安宁；有的客人是一家老小，让欢声笑语充满了整个小筑；还有的客人是追求自然和清静的摄影师，他们在这里找到了理想的创作场所。他们的故事、他们的笑容，都定格在小筑。很多客人在离开时都会留下一张便签，表达对小筑的喜爱和感激之情。虽然经营一家民宿并不是一帆风顺，但主人始终坚信着自己的初心和信念，用最真诚的态度对待每一位客人，用最真挚的情感守护着这片土地。

如今的“暖阳小筑”已经成为大沙村的一处亮丽风景，在“暖阳小筑”每一个人都可以找到自己的故事，每一个人都可以找到自己的归属。我们相信，在阳光明媚的日子里，“暖阳小筑”会持续为大家带来温暖和快乐，成为大沙村的一段永恒的记忆。

民宿地址：

象山县鹤浦镇大沙村 96 号。

民宿周边景区、景点：

象山影视城、石浦渔港古城、中国渔村、东海半边山、花岙岛海上石林景区、松兰山景区等。

民宿特产、美食：

红美人柑橘、白沙枇杷、象山米馒头、海鲜面、麦饼筒等。

象山山隐精品民宿

象山山隐精品民宿于 2018 年 10 月 1 日正式运营，2023 年进行改造升级，总占地面积约 1000 亩，拥有 10 间客房、独立的餐厅、茶室、娱乐室、影音室、商务办公间、洗衣房、超大观景露台、茶园，以及自助厨房等，其中餐厅可接待 30 余人同时就餐。茶山连绵，起伏的山林深远清幽。春天萌芽吐绿到秋日层林渐染，一汪碧蓝清澈的水库被团团围住，自然美景四时都在。晴耕雨读，这是再好不过的田园生活去处。“山隐”拥有一片有机农田，在这里能同时拥有花园、茶园、果园、菜园，是比“悠然见南山”更要闲逸的生活。遇上蔬果成熟丰收时，邀上一伙朋友一起住上一整天，择菜做饭，尝尝各自最擅长的那道菜，放下手机聊聊天，朋友间的分享会，都让简单的喜悦裂变出许多小喜悦来。茶山上的茶室是民宿的亮点，碧绿茶园中一条小道蜿蜒而上，推门进室，简约美好。民宿房间宽敞明亮，管家服务贴心便捷。

人在山隐，抬头仰望是泰然自若的山峰，俯首是园中生长的菜蔬、是小圃里日日的花开。来到这里的每一个人，自歌自舞自开怀，且喜无拘无碍。原木色和浅色调的搭配，更让人有种回到家中的温馨和舒适感。山隐有着三大法宝：充裕的阳光、青翠的茶山、纯净的空气。来一趟，心肺和神经都得到自然洗礼。

玻璃房的禅茶室，让茶园的景致毫无遗漏地映入房间。住客都偏爱这里的房间，就是这种清爽和满眼的翠，特让人放松。琐碎与烦躁都被治愈，只想安静地待上两天。也可邀上三五好友，一起头顶星星、身披皎洁月光，沐浴微风徐徐，吃自助美味烧烤，用欢笑做票根，看一场露天电影。闲适的惬意时光过后，在公共区域的共享书吧，泡上一壶茶，尽情享受假日里难得的静谧时刻。

天气放晴，约上个玩伴，趁着晚霞落山之前或者初阳升起之时，登上茶园的最高之巅，一览这让人一见倾心的世外桃源美景。或许它并没有莫干山的情调，也不及白乐桥的个性，但自有一种回家的亲切感，没有陌生、没有隔阂。无论是一人小住、两人同住抑或是多人欢聚、几队人一同出游，山隐都敞开着它温暖的怀抱。带上家人，来吧，来到“山隐”这样安静的地方，好好享受团聚的温馨。

民宿地址：

象山县爵溪街道牛大岙村15号。

民宿周边景区、景点：

阿拉的海水上乐园、灵岩山景区、茅洋玻璃栈道、泗洲头龙溪峡谷漂流等。

民宿特产、美食：

红美人柑橘、象山麻糍、白沙枇杷、麦饼筒、象山米馒头等。

青籁度假民宿 

象山青籁度假民宿，作为象山县第一家精品民宿，于2015年在大沙村投入运营。人生的终点是一样的，只有尽可能多的尝试，才能欣赏到更多的风景。在游历四方、领略各地风情后，民宿女主人依旧觉得家乡的风景是最美的，于是便在家乡的半山腰、在大海边上建起了青籁。

民宿取名“青籁”，其中“青”取自其母亲的名，“籁”则谐音父亲的姓，于女主人而言，这就是家；也寓意此间是“藏身于青山绿水之间，处处可得天籁之音”，大自然的声色俱全；更是“青籁”得您青睐之意。

青籁所在的地方，群山耸立，面朝东海，不仅有好山好水好沙，同时还有一片好时光。在青籁度过的时光，并不只是那种所谓“慢下来了的时光”。感觉是很具象的，你坐在院子里、阳台上，或者到沙滩上散散步，走一下村里小道、山里的古道，到田地里摘点蔬菜瓜果，在后山摸摸竹子……还可以海边赶海、去岩石垂钓等，感受时间安然流逝，很美好。

这种美好的流逝来自于大自然的成全，在大自然赋予的这片舒适安然的时光里，我们就应该做这些事，让美好时光加倍！

青籁位于宁波象山南田岛上，西邻高塘岛，两岛与大陆海岸线构成天然港，即为著名的石浦渔港。象山素以海岛与海鲜出名，其最大岛屿便是南田岛。来青籁的路途是很有仪式感的，需漂洋过海、翻山越岭。从石浦镇到鹤浦镇，可以坐到久违的汽车渡船或客渡，也可以绕走跨海大桥，再穿过高塘岛，到达南田岛，然后驱车前往大沙村，正一路向东，沿着盘山路而下，这幢别墅跃然现于眼前。不同于村里其他建筑，青籁独立于南面山坡，橘园环绕、背靠竹林，沿着一个小水库的堤坝走到了青籁。会发现青籁藏身于山间，青山掩映、湖水相衬，这幢淡米色的建筑时常懒懒地倒映在水库里，显得格外遗世而独立，而不远处便是大海，在青籁随处可以观望潮起潮落。

倘若遇到细雨天，坐在屋檐下，泡上一杯清茶、读一本好书，风声、雨声、浪涛声、鸟鸣声交相鸣奏，奏出一段最美妙的乐曲，让人享受一段安适美好的时光。

青籁的外形和空间设计追求展现原生态的美好及居住的舒适，特地从上海请来专业的建筑设计师和室内设计师团队，精心打造了这处独特的度假胜地。室内设计师孙立菲凭此设计获得被誉为设计界“奥斯卡”的“筑巢奖”（第六届）银奖。

青籁的设计简约古朴，多以水泥、老船木、竹子为主要设计元素，力求回归原生态，尽量展现与当地自然环境融合之美。每个房间风格各异，唯一相同之处便是拉开窗帘，海岛的山海风光就近在眼前。站在阳台上，能感受到山野、海风扑面而来的醉人气息。

一幢别墅，两片果园，几块耕地，

不管何时来，偌大的庭院里都充盈着鲜花和绿意；

一杯清茶、三五好友，

聊着闲情话语，人生本就应该如此随心和随意。

清晨，伴随着鸟鸣与海浪声醒来，面朝着大海，春暖花开。

民宿地址：

象山县鹤浦镇大沙村 3 组 20 号。

民宿周边景区、景点：

大沙沙滩、风门口海岛森林公园、花岙岛、象山影视城、象山海影城等。

民宿特产、美食：

麦饼筒、紫菜、泥螺、象山麻糍、象山笋团等。

象山沐汐民宿

象山沐汐民宿位于象山县鹤浦镇大沙村村口，处于半坡上，独门独院，周围 50 米内无其他建筑。背靠青山、面朝大海，门前有 400 平方米左右院子和近五亩左右橘子、梨子、栗子等果园。恬静舒适无相邻干扰，独立空间，适合在繁忙工作之余来此放空自己、静处发呆。500 米外就是碧蓝的大海与金色的沙滩，适合踏浪欢腾，让身心自由放飞。

建筑外观为新中式风格，白墙青瓦并融入马头墙元素，与青山和谐统一。将山海风光引入房间，顾客居住时能体验到身处山海之间的感受。内部装修风格凸显海洋风，简欧与新中式有机融合，淳厚质朴、古色古香，并从图案、色彩等方面体现山海元素。进门后大厅有大型展示书柜，营造书香和休憩放松的自由环境；大厅吧台用黑色铁板装饰并刻有“鱼回”两字；大厅墙壁装饰有荷花、荷叶、红鱼、木船。民宿共 13 个客房，分别用“青竹、翠樟、梓林、远浦、闻澜、空蒙、潭影、泽梦、潮平、汗帆、陌野、闲云、星移”来命名，每个名字都对应该房间主题，让客人远离城市喧嚣、世俗浮华，陶醉在这烟岚山海、静谧丛林，听涛声如雷、看船影入画，相忘江湖。

除了可享受民宿的静谧、舒适居住体验外，大沙村沙滩是游客绝佳的休闲去处，同时本店还提供烧烤、帐篷及海鲜大餐，也热情推荐当地特色美食和农副产品订购以及休闲渔船、海边垂钓等项目的联系安排服务。

女主人的初心，想在奔波忙碌的生活之外，让人找到生活的本真、做自己喜欢做的事、过自己想过的生活。在鹤浦镇大沙村，有原生态的沙滩和秀丽的自然风光，成为乡村旅游的胜地。

自2016年9月开始动工到2018年8月试营业，沐汐民宿奔忙了整整两年，回归田园，能在这寂寂山野、浩浩碧海之间发呆，在暧暧远人村里看袅袅墟里青烟，交五湖四海的朋友，展现当地风土人情，分享天南海北的故事和人生感悟，与远方朋友的时有人生共鸣，让民宿有了更多的价值和意义。女主人将藏书都搬到民宿的大厅展示柜上，为客人沏一壶香茶，与客人一起看书喝茶言欢，交流读书心得，大家乐此不疲。女主人慷慨大方，只要客人表示出对某样东西喜爱之意，女主人就会想方设法备上一份作为礼物带走。

取名“沐汐”，可用一句诗来诠释“沐寓山海里，乡心随夜汐”。房间命名也各自体现特色，“青竹”对应房前一片青青竹林，那里深邃清幽、鸟鸣虫唧；“远浦”可眺望苍茫大海、远处的那个渡口等待船来、目送帆远；“空蒙”是山景房，取苏轼诗句“山色空蒙雨亦奇”中两字，道出空蒙这个房间的山色意境。

民宿地址：

象山县鹤浦镇大沙村172号。

民宿周边景区、景点：

大沙沙滩、象山影视城、石浦渔港古城、中国渔村、东海半边山等。

民宿特产、美食：

红美人柑橘、白沙枇杷、象山米馒头、海鲜面、象山梭子蟹等。

每墅玖海民宿

今天给大家讲一个渔民的故事。故事主人公是个地地道道的渔民，他的父亲也是个渔民，他父亲的父亲也是个渔民，他祖祖辈辈都是渔民，他们世世代代生活在靠海的小山村。以前小山村道路不通，车辆无法进村，进出全靠一条窄窄的羊肠小道。村里人常年守着这片海，摇橹出海，靠海生计。后来，小男孩去读书，每天5点起床，打着手电筒或提着煤油灯，穿过羊肠山路，一个多小时才到学校。很多孩子受不了苦，小学没有毕业就不上了，读到高中的屈指可数，上了大学的一双手都能数过来。村里人外出务工更是不便，往往大半年才回家一趟，鲜少有外人来村。男孩暗暗下定决心好好读书，到外面的世界闯荡一番，试一下自己的身手。功夫不负有心人，他来到大城市读了大学，实现了人生的愿望，他的世界不再是那一方被山海隔断的小小天空。

2017年，男孩回到生他养他的土地，惊喜地发现家乡的变化，羊肠小道变成了宽敞漂亮的柏油路，小村庄修整得整洁干净，司空见惯的小沙滩竟是外来客流连之地。巨大的变化让他有种“相见不相识”“恍如隔世”的感觉，唤醒了他对家乡的深厚感情，他萌生了叶落归根的“民宿梦”，决定在自己土生土长的村里打造属于独特 ID 风格的精品民宿。

为了打造符合当地特色的精品民宿，特意考察了莫干山、杭州、宁波等多个地方民宿。他发现，当地 1.0 版本的农家客栈模式，已经不适合现如今的旅游发展和东旦村自然资源开发利用趋势，2.0 版本普通民宿也只是刚刚起步，3.0 版本甚至更高版本民宿才是真正的方向。

2017 年下半年开始，历经两年时间的选址、设计、精心建设和装修打造，“每墅玖海”在 2019 年 5 月 1 日理想地呈现。民宿取名“每墅玖海”，“每”既取自海的一半，又取自主人名字中“敏”的一半，寓意民宿一方面得益于大自然的馈赠——东旦村美丽又得天独厚的海滩资源；另一个寓意是让每一位来客感到舒服满意的背后都需要主人精心的经营、管理和服务，而“玖海”则是指 9 个海景房，9 个房间有 9 种不同的海景视野。

民宿梦成为现实，东旦村的民宿也成功转型，开创了一个全新的天地。

东旦特色民宿村将成为长三角地区一颗冉冉升起的新星，加快了乡村全面小康必将实现的步伐。

民宿地址：

象山县东陈乡东旦村。

民宿周边景区、景点：

东旦时尚运动沙滩、象山影视城、石浦老街、阿拉的海水上乐园、灵岩山火山峰等。

民宿特产、美食：

阿拉麦糕点、红美人酒、海鲜、象山冻面等。

潮烟里沙塘湾海景民宿

潮烟里沙塘湾海景民宿坐落于享有“世外桃源，海山秘境”美誉的石浦沙塘湾渔村，背依青山、面朝大海。每当潮起汐落，涛声便如天籁之音，悠悠传入每个游子的梦境。此情此景，不禁让人联想到清代诗人陈秉元在《石浦竹枝词》中描绘的“人家住在潮烟里，万里涛声到枕边”的诗意画面。

民宿由 4 幢精心设计的建筑组成，全海景客房共有 16 间，为游客提供丰富的住宿房间选择。每间客房都配备了现代化的设施，并巧妙地融入渔村的古朴风情。有 3 套全海景别墅，可为追求更高品质体验的游客，提供私密和高端的居住环境。

走进潮烟里，首先映入眼帘的是宽敞明亮的一楼接待大厅。这里有绝佳的全海景视野，还配备了书吧、茶桌、休闲餐桌等设施，为游客提供了一个舒适的观海社交场所。主人特别重视客厅和公共空间的气氛营造，通过精心挑选的书籍、柔和的灯光和舒适的家具，打造出一个既宁静又充满文化氛围的空间。大书柜的设计更是独具匠心，不仅为空间增添了层次感，还为游客提供了随时可以翻阅书籍的便利之处。

除了室内接待大厅，室外的休憩区是潮烟里的一大亮点。这里设有舒适的座椅和茶几，游客们可以在这里一边品茶、一边欣赏海天一色的美景。微风拂过，海的气息和茶的清香交织在一起，让人心旷神怡。

在房间类型上，潮烟里致力于满足不同游客的需求。无论是阳台双床房、海景大床房还是海景阳台家庭套房等，都配备高品质的床品和设施，确保游客能够享受到舒适的睡眠体验。同时，还为家庭游客提供宽敞的家庭套房，让全家人都能在这里度过愉快的团聚时光。

潮烟里的3栋独立别墅，分别为5号楼“潮烟墅”、8号楼“瀛海墅”和9号楼“瀛洲墅”。别墅不仅拥有独立客厅、茶室、餐厅和海边户外空间，还提供了棋牌桌和厨房设施等，让游客在一个既私密又舒适的居住环境里，可以尽情享受与好友家人共度的欢乐时光，感受与大海融为一体的美妙体验。

在潮烟里，与海共眠已经不仅仅是一种住宿体验，更是一种浪漫的生活方式。游客还有丰富的海边活动可选择，如沙滩漫步、海上日出观赏、海鲜美食品尝等，在这里可以尽情享受大海的馈赠。如早餐、下午茶、咖啡茶水等贴心的服务，为旅居增添更多的舒适和愉悦。

潮烟里沙塘湾海景民宿以其独特的地理位置、丰富的住宿选择和优质的服务，赢得了广大游客赞誉，在这里，游客一定能找到属于自己的那份浪漫和宁静。

民宿地址：

象山县石浦镇沙塘湾村。

民宿周边景区、景点：

石浦渔港古城、中国渔村、石浦环港游、檀头山岛、中国渔文化博物馆等。

民宿特产、美食：

象山海鲜、米馒头、发糕、海鲜面、麦饼筒等。

象山博景湾·逸墅度假民宿 

博景湾·逸墅民宿藏匿于神秘的“遗世天堂”南田岛大沙村。三面环山、一面朝海，枕着涛声入眠、伴着鸟鸣醒来。斜倚窗边、观晚间渔火点点，清晨旭日东升，饱览“潮来一排雪，潮去一片金”。踏沙戏浪，令人流连忘返。

民宿有14间客房，1间慢摇静吧；有接待厅、户外庭院、儿童乐园、烧烤、棋牌室、茶室、小酒吧等配套设施。房型丰富，14个房间有14种风格，民宿配备现代化智能家居，搭配全屋舒适供暖、德国洁具。当您还在寻找最美海景房、最佳观日点的时候，我们已为您准备好“睡进山海里，夜阑枕星眠”的超级海景民宿！

主人说：我把原先破旧的老瓦房改造翻新，花了两年多的时间打造这处“面朝大海，春暖花开”的超级海景房！并把家庭的“温暖和爱”融入了这间民宿的每个角落。儿子的“博”，女儿的“景”，还有我们大沙的“月牙湾沙滩”，故名“博景湾·逸墅”。

“民宿就像我的第三个孩子，一砖一瓦都亲力亲为，小心地呵护着成长。它也给我留下了美好的回忆，希望把这里的美景和那一份安逸，与更多的朋友们分享，远离城市的喧嚣和快节奏生活的同时，能够安心于此，博景湾·逸墅永远是您在外的另一个‘家’！”

民宿地址：

象山县鹤浦镇大沙村 1 组 41 号。

民宿周边景区、景点：

花岙石林地质公园、皇城沙滩、半边山景区、象山亚帆中心、石浦古城等。

民宿特产、美食：

樊岙枇杷、红卫塘梨头、高塘西瓜、高塘火龙果、象山红美人等。

玖悦初见民宿

玖悦初见海景度假民宿位于宁波象山沙塘湾村，依山傍海，是绝佳的“天然氧吧”。民宿名:“玖悦”与“九月”谐音，九月是渔民喜悦的时节。每年九月，石浦渔民开渔，丰收来到。玖悦初见，寓意在九月、在这里，相遇初见，一同享受丰收的喜悦。

民宿的布置处处体现着渔家文化。将渔船上的一些老物件搬进了室内。茶室木桌就是极为难得的老船木、观望台有一座50年代的时钟、第一代“劳动”牌望远镜、红珊瑚和渔船上的舵机等。民宿内还摆放着各式各样的船模，组织船模制作活动让客人亲身体验，除此之外还有鱼拓制作、捕鱼、赶海等各种特色活动。民宿设有航海展览体验区、泰坦尼克微场景区，以丰富住客对航海的体验和认知。

民宿的无边泳池将蓝天、大海与泳池3大元素完美融合在一起。所有客房都面朝大海，是一家有象山渔家文化特色的高品质民宿。

民宿地址：

象山县沙塘湾村3-1、3-2、3-3号。

民宿周边景区、景点：

花岙石林地质公园、皇城沙滩、半边山景区、象山亚帆中心、石浦古城等。

民宿特产、美食：

红美人、泥螺、麻糍、白沙枇杷、麦饼筒等。

三希棠精品民宿

“敦五教宽仁在，岙化三希忠厚多”。三希棠创建于 2020 年 1 月，是象山大徐镇延寿岙村第一家，也是唯一的一家民宿，获得象山县“乡村文艺之家”、宁波市“最美庭院”，浙江省“银牌”民宿等荣誉。现代中式的建筑，宋代风式的院子，使三希棠有着令人沉醉的气息。来过的人都会惊叹于三希棠的美，东面借景田野，青山绿野扑面，视域辽阔；内部装饰现代简约中式风，书香浓郁。“满庭芳”“浣溪沙”“青玉案”“凤来朝”“伴云来”等是民宿茶室、客厅、客房的名称，室如其名，如诗如画。

三希棠是雅俗共赏、老少咸宜，可以点一炉香、泡一壶茶，闲庭信步，享一个人的清欢；可以漫步小村前后，和农夫共话桑麻；可以约上好友共度时光；可以团队入驻扎营、研修。有位游客一年间来了 5 次，他说一走进三希棠，便不再想院子以外的世界，这里容纳了所有的美好和愉悦。他给三希棠取了个别名“十乐居”：“读书静卧、品茗闻香、抚琴弈棋、写字作画、赏月吟诗、饮酒听曲、观苔听雨、赏花摘莓、看荷观鱼、种地收菜”。闲来廊下看书，傍晚看红日西下，长夜里听取蛙声一片，日日时令蔬果，常有新鲜鱼虾。离开时他落笔题五字:“他乡胜故乡”。

三希棠是中鼎设计院长吴希良所创，于庭宅之设计是“自然之妙有，混混然仿佛天成”，其名闻于遐迩而其作灿若繁星。三希之作，乃其性情之所至，信手而为。名字之“棠”，棠棣乃兄弟之意。主人有三兄弟，自小和睦团结，一日深聊，达成一致，创办此文化精品民宿。

巧合的是兄弟们最敬爱的奶奶名字叫海棠，这是偶然也是必然的契合。其祖母在世时，豁达贤淑，乡邻都不直呼名字，而昵称海棠嫂。今3兄弟既成其宅，既彰祖先之德，又表孝道，并以此缅怀。

院落的苗木卉草、池沼幽径、会客茶寮设计，都出自梁晓野先生的手笔。三希棠的栋植梁构、室宇檐牙、古朴而质优，非常精极。

棠主忠诚:人如其名，性格淳厚，笑容常挂脸上。几年经营下来，获赞无数。妻子擅做点心，三希棠点心都是她亲自做的，有很多客人是冲着吃点心来三希棠。此外还做得一手好菜。用浓情厚谊做的菜肯定是有滋有味的。一进三希棠，除了唯美，还洋溢着家一般的亲切与友善，这是让人把心留下来的关键。三希棠经常举办雅集，古琴昆曲、诗歌吟诵、名家讲座等活动，让三希棠更添风雅文韵。

清乾隆皇帝的书房名叫“三希堂”，“三希棠”与之相近，“三希堂”的“三希”，即“士希贤，贤希圣，圣希天”。其义为:士人希望成为贤人，贤人希望成为圣人，圣人希望成为知天之人，也就是鼓励自己不懈追求，勤奋自勉。“三希棠”蕴含人伦三重义:“一曰孝，次曰悌，三曰友”，这也是三希堂民宿的文化内涵所在。

三希棠交通便捷，自甬台高速象山北出口下十几分钟车程即到，象山城区东郊3~5分钟车直达，30分钟内可以到达象山所有名胜景点。村民们都说三希棠是在平淡无奇的乡野“无中生有”打造出一片田园胜景，极大地提高了村庄的美誉度，带动了乡村经济发展。小的来说乡邻大嫂可以就近来做服务员，解决了部分就业。棠前有几十亩稻田和小山，正逐步形成种植区、观赏区、体验区等，同时与村里烧烤、蓝莓、桑葚、杨梅、手工土烧等基地组成经营共同体。三希棠得到县相关部门高度重视，也顺应和美特色乡村的建设，开展了一系列新农村建设项目，极大提升了全村人居环境和生活品质。

“与君初相识，犹似故人归”。欢迎来三希棠，让欢喜之情随景而生，宁静之意与日俱增，幸福之感洋溢周身。

民宿地址：

象山县大徐镇延寿岙村上岙13号。

民宿周边景区、景点：

阿拉的海水上乐园、饭桶山网红打卡地、象山影视城、龙溪峡谷漂流、石浦渔港等。

民宿特产、美食：

黑猪肉包、萝卜团红豆团、米馒头、小笼包、饺子等。

枇杷花开北山里民宿 

枇杷花开北山里民宿在一个拥有500多年枇杷种植历史的特色村里，隐匿于白岩山脚下、枇杷林间。白墙黛瓦马头墙，一园十舍，与山同体。

民宿以南美柚木的古朴勾勒自然淡雅的空间；以素雅写意画作镌刻湖风酿梦、舒逸悦然；灯具点缀以祥云元素，在优美的曲线中自成诗意。质朴的木、纯粹的白、柔和的灰、静谧的蓝，寥寥几笔就将一个简约温馨的空间勾画出来。8间客房风格迥异，都散发着古雅缓慢的苏式情调。

茶道、制香、插花、书画、非遗体验等，素然随心、淡然于怀、静然于世。住在这里，枕着白岩山脚的岑寂夜色入睡，被清晨鸟鸣与风中枇杷花香唤醒。睁开眼，伸个懒腰，开启在乡村的美好一天。

高湾村有10万余株枇杷树，依山傍海，滋养出的枇杷含硒量极高。高湾枇杷已经成为“国定品牌”，枇杷文化成为当地最大的文化IP。枇杷秋孕冬花、春实夏熟，月月有看点、季季有卖点。秋冬，邀三五知己，一同嬉闻漫山的花香；夏首，携家人好友一起品尝果实的鲜甜。在枇杷林间，或采摘，或摄影，或书画，或诗歌，或研学，自是其乐无穷、意无尽。民宿里的一草一木一席一帘，无不浮动着枇杷幽香，有“枇杷花开”为品牌的系列伴手礼，如枇杷花，枇杷膏、枇杷蜜、枇杷酒、枇杷果干等，都讲述着“枇杷花开”的故事，让人感受民宿主人最纯真的初心。

北山里民宿已慢慢成为游客家、办公室之外的远方“第二个家”，在这里既能南山隐居，又能群贤雅集；既能把酒吟诗，又能赏花品茗。住下来，还能与身边的艺术、自然、生活产生激荡、产生共鸣。伫立窗边看花、听雨、闻香，便是“谈笑有鸿儒，往来无白丁。可以调素琴，阅金经，无丝竹之乱耳，无案牍之劳形”。

北山里不仅是一个集餐、茶、宿、物、聚为一体的多功能体验中心，更是一个有趣的生活体验会场，汉服换装、主人共享点茶、制香之趣；体验草木染、刺绣、盘扣、制香、鱼灯制作等象山非遗；游白岩山“江南的小布达拉宫”，登高望远，观日出，赏山、海、田园绝妙组合；沙滩踏浪，尝海鲜品特色美食，西海岸自驾游，游象山影视城实景电影主题乐园等，满满的体验感与仪式感，让旅客记忆深刻，感受满足和幸福。走心的体验、让客人找到心灵的归宿！

北山里秉力营造一个有温度的家，主人将每一位客人珍藏于心，珍惜与每一位的相遇，为游客提供最美、最舒心的文旅服务；与客人一起品清茶、谈文化，将师者最纯真的特质呈现给客人；用心营造“宾至如归”的家园和“家和亲人”的人文情怀。客人来到北山里，就像“回家了，与亲人团聚了”，放松自然，轻松自在。几年来赢得来来往往客人的诸多好评：“最像民宿的民宿、有家的感觉、温馨有佳、宾至如归”等。住客王宇写了一首诗《宿北山里素园》评价入住后的体验：夜宿北山里，琼英满素园，主人磨翠屑，清气洗明轩，运盏空烫玉，焚香静煮泉，今夕无世事，听海梦婵娟。

民宿地址：

象山县新桥镇高湾村。

民宿周边景区、景点：

松兰山、半边山、中国渔村沙滩、阿拉的海水上乐园、象山影视城等。

民宿特产、美食：

红美人、麦饼筒、象山米馒头、萝卜团、红豆团等。

溪上山隐民宿

溪上山隐民宿坐落于定塘的一个美丽村落——定山村。定山村位于定塘镇区北面，北通县城，南接石浦，在象山县南北交通主动脉上，同时也是象山旅游中转站。定山村历史悠久，风光旖旎，人文底蕴深厚，有秀美的安期山、半边街、奚家八角楼等景点。

民宿主人是定山村“原住民”，自小受定山村艺术熏陶的他，不仅深深热爱非遗，深谙田园生活的妙趣，更熟知定山村的人文情怀，同时继承了象山人好客、热情的天性。他一直有个梦想，就是将自己的家，打造成一个能接待五湖四海朋友的“后花园”，让朋友在这个“后花园”了解定塘的人文风情。后来花很多心血在定山村选择这个理想处所，与四方来客共享他所理解的“采菊东篱下，悠然见南山”生活方式。

溪上山隐整体采用新中式风格，传统与现代有机融合，与定山村相互辉映。白墙黑瓦的外立面，绿意环抱。一草一木，都亲手种植。三餐一宿，全用心服务。

2021 年浙江省民宿等级评定管理委员会发布的“2020 年度白金宿、金宿和银宿名单”，溪上山隐民宿榜上有名，是象山 2020 年度浙江省“银宿”民宿。自此溪上山隐的发展也多了一份责任，更添了一份特殊的情怀。

溪上山隐，是将主人另一份情怀展现，也就是传承非遗文化之心。2023 年溪上山隐对民宿内外进行非遗融合的打造，创作盘扣相架、中式盘扣元素枕头、盘扣花纹杯子、大塘麦糕等文创产品和伴手礼。同时，对房间进行改造，将非遗元素与民宿的中式风格相结合，在民宿内布置非遗科普区、制作体验区，用心地向每一位游客普及“盘扣”“大塘麦糕”等技艺制作知识。

除此之外，溪上山隐 4 楼的小会议室，内设有裘红芬老师“盘扣制作”非遗学习基地，静雅的环境给非遗课堂营造了安静的氛围，体验者们能更好地融入非遗课堂。民宿的花园区域设置了“大塘麦糕”的制作体验区，住客到民宿后，都能亲身体验和品尝属于定塘的传统美食。定期开展非遗课堂，吸引入住溪上山隐的游客体验课程，“盘扣”“大塘麦糕”等伴手礼，宾客在学到非遗知识的同时还能将“非遗文化”带回家乡分享。

住民宿享非遗、田园和艺术、乡居与潮流，在溪上山隐里藏的田园牧歌、盘绕指间的悠然生活。开展非遗保护传承活动，持续推动非遗与民宿以外更多领域跨界融合，让非遗焕发生机，让溪上山隐民宿成为探索非遗保护和传承新路径的生动实践地。

民宿地址：

象山县定塘镇定山村富康路 58 号。

民宿周边景区、景点：

象山影视城、灵岩火山峰、橘中游庭、渔港古城等。

民宿特产、美食：

大塘鱼头宴、大塘麦糕、象山海鲜面、红美人、苹果梨、葡萄等。

石潭小筑民宿

“流水淙淙，石潭清澈；

藤蔓环绕，随风飘拂；

鱼儿摇曳，游人取乐”。

柳宗元《小石潭记》的意境，正是石潭小筑民宿的生动写照。

夜赏星空，晨曦微露。让我们在水墨丹青里默默地等候、在唐诗宋词中朗朗地吟诵，同诵一首《春江花月夜》，共吟一篇《小石潭记》，在石潭小筑里找回那生活的本真与意义。

“石潭小筑”位于象山县茅洋乡蟹钳港畔的小村落蛎港兴村（原台头村），南靠五狮山，北面是滩涂，西临蟹钳港，自然条件十分优越。村庄拥有七彩田园、滩涂养殖园（花蛤、小白虾、白蟹等）、山林果园等丰富的乡村旅游资源。交通便捷，距甬台温高速复线茅洋出口 1 公里，与茅洋玻璃栈道相望。

“临潭小筑吟风月，山居石港任逍遥”。这里的民宿主在和我们叙说着她的故事……

石潭小筑原取名自《小石潭记》（唐 柳宗元），因不能注册商标而更名。回老家建房是父母一直以来的愿望，同时也是为拾起儿时回忆而造。在这里，可以找到亲情、抚平乡愁，守着父母开民宿，是一件十分幸福的事儿！

石——村里姓石；

潭——边上有塘；

小——民宿不大；

筑——三姐妹建造记。

这里有童年的池塘，还有眼前的蟹钳港，本身就是诗与远方。

主人三姐妹，两位姐姐均以经营各自公司及工厂为主，妹妹是一位高级工程师，与其房间长期处于闲置状态，按民宿建造确实是个不错的选择。三姐妹一拍即合，两位姐姐负责出资，妹妹全程负责民宿设计建造，运用她专业、独特的眼光与见解，从项目规划到楼层平面布置的合理性比选、建筑外立面设计及至房屋主体建造、装饰装修，三姐妹齐心协力打造出暖心小筑。

民宿装修以现代简约轻快为主题，共 4 层，其中负一层为半地下室，内设置影视多功能厅、吧台、娱乐室、茶座、厨房、餐厅等。2 至 3 层共 8 个房间，为方便老人出行，民宿特别安装了电梯。同时，从宾客需求出发，小筑在经营中努力提升服务品质：如采用更为舒适的洗浴用品、舒适的床垫、精心准备伴手礼、早餐品种不多但力求精细好口味；休闲单人沙发椅、网红泡泡椅、受小朋友热爱的创意小马椅，带你一起寻找儿童的乐趣，让心灵得到全面释放。

民宿还有一个近 220 平方米的大庭院，可以轻松悠闲地坐在这里喝下午茶。围墙花坛周边种满各种花草，一年四季有花香，春有杜鹃花、梅花、海棠花等；夏有月季、三角梅、绣球等；秋有红枫、蓝雪花、五色梅等；冬有梅花、茶梅、兰花等。一家人都非常喜爱种养植物，所以在庭院内满是漂亮的花卉，并用心打理着庭院内的花草，对其进行定期修剪，使得整个庭院生机盎然、整洁有序。庭院内不随意堆放杂物，物品摆放整齐，家人特别爱干净，每天都会把庭院打扫得干干净净。同时会在民宿的庭院里组织各种活动，让认识的、不认识地融合在一起，互相分享彼此的故事和快乐，每一位入住者都可以在星空和月亮下享受舒适、浪漫的氛围。

打理民宿是一件很琐碎和辛苦的事，小筑民宿致力于营造一种温馨、宾至如归的感觉，能给顾客带来一种旅居式的生活方式，让来体验的游客能得到心灵的全面释放。

山与海相逢，

你与我相遇，

这里是石潭小筑！

专为您量身打造一场美丽邂逅！

民宿地址：

象山县茅洋乡蛎港兴村。

民宿周边景区、景点：

泗洲头灵岩山景区、泗洲头龙溪峡谷漂流、蟹钳港乡村欢乐世界、蟹钳港滩涂乐园、蟹钳港玻璃栈道等。

民宿特产、美食：

枇杷、草莓、杨梅、花蛤、小白虾等。

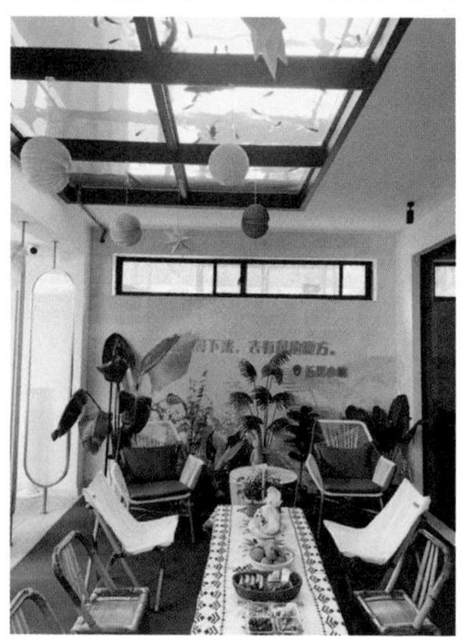

十八戴 home 民宿

十八戴 home 民宿主人姓戴，上十下八便是戴字的简写。家住水东西，浣纱明月下。十八戴 home 民宿如家一般，也像石浦古城，不急不缓，如水般流动着悠然自得的时光。

民宿是两幢联体别墅，内有 14 个房间，有滑梯房、帐篷房等；有亲子阁楼房、大套房、双床房、时尚房等。民宿内的原木大餐桌、功夫茶座，房间内有星级酒店同款大软床，寝具每天有专人送至星级酒店进行布草清洁。

因为是家，对于客人都是当成朋友来对待，“有朋自远方来，不亦乐乎”，不怠慢了朋友，也不过分客气，就是希望来的人都把这里当成家，如家一样舒心就够了。每一个来往的客人，女主人都会泡上一壶热茶，与客人共话家常，悠闲时光一晃而过。

来到十八戴 home 民宿，海鲜当然必不可少。纯净的空气、蔚蓝的天空、夹着些许咸腥海风。这样闲适的海岛，在九月、十月更是有数不清的虾兵蟹将们，以最新鲜的模样迫不及待地涌上餐桌。当地有这么一句话：“没有吃过鱼糍面，不算到过象山港”。一口鱼一口面，哧溜地滑入嘴里，鲜味带着香气能让人食欲大增；还有老底子味道席饼筒，饼皮如同席子将美味卷起，不管是什么料包裹其中，都是恰到好处。2.8 米的大餐桌可容纳 21 人用餐，一大家人都可以在一起开开心心享受美食，和家人朋友共聚美好时光。

民宿地址：

象山县石浦金山村 18、19 号。

民宿周边景区、景点：

松兰山、半边山、中国渔村沙滩、阿拉的海水上乐园、象山影视城等。

民宿特产、美食：

红美人、麦饼筒、象山米馒头、萝卜团、红豆团等。

沙塘静湾客栈

象山县石浦沙塘静湾客栈位于象山县石浦镇沙塘湾村，距石浦镇中心约 3.2 公里处。沙塘湾村一半为山、一半为海，自然风光优美，港湾内风平浪静。湾内有独特的鹅卵石滩，八九月份海水清澈，可下海游泳。此处气候宜人，属于亚热带海洋性季风气候，冬暖夏凉。空气清新，氧离子浓度高。因大多当地居民是早年从闽南迁移而来，故有“石浦福建村”之称，亚洲飞人柯受良就出生于此。

民宿像一扇窗户，打开了乡村旅游和农村建设的崭新世界。民宿也像一面镜子，折射出经济转型和人文回归复杂的面向。民宿应该有属于自己的个性和特色，应该是区别于其他地区的模式，有当地家乡的特色。这就需要站在更高的视野，立足于更远的未来来看待民宿。

沙塘静湾客栈于 2015 年 10 月开始筹备，同年 11 月委托上海一家公司进行设计和装修。在外形设计中要求既不能破坏沙塘湾村整体建筑群环境，又要略带民宿建筑物的特色，做到恰到好处的融合，突出细节。最终建筑物整体造型采用美式乡村风格，建筑物外立面底部以砖石外形为基座，上部喷砂做旧处理样式。“沙塘静湾”取意为舟归平海，身心安泰。

沙塘静湾客栈汇集了地中海、美式乡村、简欧、中式、工业风、现代、日式、东南亚等 8 种风格于一体，共计 15 个房间，其中双床标间 4 个，豪华大床 4 个，套房 2 套，复式亲子房 4 套，别墅 1 套，可以满足游客领略不同的住宿感受。视野开阔的观看阳台、面朝大海的双人浴缸、40 平方米顶楼露台，是极致享受的空间。一楼为前台及各类功能区，影音区配有专业超短焦 110 寸商用投影、环绕音响，无论是小型商务会议，还是看电影球赛都可以满足。休闲区提供咖啡、茶、鸡尾酒等各类软饮和西点，既可在室内与朋友小酌，也可在室外观海听风。一楼厨房区提供全套烹饪用具和各类调料，可以自行买菜展示厨艺。客栈还配备进口美式烧烤炉、果木炭、烧烤调料等，可以在宽敞的后院，享受不一样的海鲜大餐。店里也可以在当地餐馆订餐，品尝石浦特色美食。这里或许没有繁华，但这里有着与繁华都市截然不同的宁静和美丽，触目可及的海天一色、微微的风、悠悠的浪，看看想看的书、想想过往的人，也可以就那么静静地望着远方。

沙塘湾安静闲适、远离喧嚣。阵阵海风吹过，海浪拍打着鹅卵石发出清脆的响声，这应该就是现实版的桃花源记！

民宿地址：

象山县石浦镇沙塘湾村 59—69 号。

民宿周边景区、景点：

中国渔村景区、石浦渔港古城景区、象山影视城、象山妈祖像、东海半边山等。

民宿特产、美食：

海鸭蛋、岩衣草、海鲜干货、红美人等。

海米木木亲子庄园

民宿女主人是一位热爱旅游的宝妈，原来出行首选就是各式各样的民宿，非常关注民宿对于孩子的入住体验。海米的男主人虽长居上海，但对儿时记忆中故乡海口村的青山绿水念念不忘，这让两人不谋而合地萌发了开办亲子民宿的想法。

经过前期一系列考察、咨询，专门聘请了莫干山民宿专业设计师做整体规划设计，最终在男主人家乡——一个环山绕水的地方，搭建起了一栋栋木屋别墅——海米木木。

大学时主修设计，海米木木所有室内设计均出男主人之手。为女儿打造了一座梦想中的田园家，北欧风的简洁、ins 风的质感，每一位来海米木木的客人看一眼便喜欢上。“海”，民宿位于象山海口村，象山也是一座海滨城市；“米”，取自象山的特产小吃米馒头；“木木”，因所有的房屋均为木屋别墅，海米木木这个名字组合诞生了。

有趣的民俗节日活动体验、父母的童年，海米想让这一代孩子也能参与体验。于是过年的饺子、大红灯笼，端午的古法粽子、艾草香包，中秋的月饼等，都做起来了；家长与孩子们想要的一场感谢师恩的仪式感，海米来为他们准备；生日派对应该是爱的仪式感，纪念孩子里程碑式的成长，纪念为母经历的一次次升级；草坪婚礼，白纱席地，你站在湖畔，美得没什么语句可以描述，这一生最重要的一句誓言，在山林湖泊和亲人挚友见证下，说给你听！

亲子手工课程、户外露营、围炉煮茶、农场采摘、绘本阅读、宠物园喂养、室外亲子游戏等，海米木木亲子庄园发挥“金宿”级民宿带头示范作用，全面打通“吃住行游购娱”6 要素服务边界，提升发展层次和承载力。目前共有民宿 3 家，年游客量达 3.5 万人次。先后获评省 3A 级景区村、省善治示范村、市新时代美丽乡村梳理式改造村、市千村绿化工程示范村等荣誉。

民宿地址：

象山县大徐镇海口村。

民宿周边景区、景点：

中国渔村景区、石浦渔港古城景区、象山影视城、东海半边山、松兰山等。

民宿特产、美食：

海鸭蛋、海鲜、红美人、麦饼筒等。

Heymi The Family

二月别居民宿

在象山县泗洲头镇北侧的幽深之处，深藏着一个鲜为人知的小山村，它宛如一颗璀璨的宝石，镶嵌在茂密竹林之中。这里仅有30余户人家，却拥有象山县最为壮观的竹林，绿色的竹林如海洋般覆盖了75%的土地；这里灵岩山与白仙山如两位守护神，静静地屹立在小村的两旁。不远处便是波光粼粼的蟹钳港湾，这片省级海洋生态湿地保护区，也在默默地讲述着古老的传说。

二月别居便坐落在这个如诗如画的世外桃源中。它不是一处简单的住所，而是一片远离尘嚣、回归自然的净土。整个民宿占地近200平方米，庭院深深、果树繁茂，近千平方米的绿色让人心旷神怡。建筑按新中式简约风格打造，既有古典的韵味，又不失现代的舒适。

当你踏入一层和二层，便会发现这是一个融合禅意与雅致的休闲空间，禅修房静谧而庄重、茶香四溢的茶间让人心旷神怡、书吧休闲台则散发着浓浓的文化气息。3个大小不同的餐厅，无论是家庭聚会还是朋友小酌，都能找到最适宜的用餐环境。踏上三层和四层，是宁静的卧室区，有14个房间，6种不同的房型，各间以四季或月份命名，仿佛每扇门后都藏有一个时光的故事；各个房间都拥有大窗台，站在那里可以远眺四周的田园山景和竹林。村中溪流潺潺，从西边悠然流过，雨天时躺在床上便能欣赏到窗外如水墨画般的山林美景。

二月别居周边，自然景观层出不穷。村中有古老的树木、寺庙和桥梁，小桥流水人家的景致如诗如画。当雨滴随风飘落，滋润着大地，组成了一幅绝美的田园风光。

随着四季变换，各种土特产随之更迭。除了新鲜的竹笋、土豆、芋头，在春天和夏天里，白枇杷、杨梅、桃子等水果是时令的主角，到了秋天，火龙果、百香果香甜四溢、美味可口。至于红美人和艾草点心，则是冬日里不可或缺的美味。

二月别居不仅有舒适的住宿环境，更像是一个心灵的驿站。以心旅、禅修康养为主题，致力于打造成一个让人们暂时逃离繁忙都市，回归自然与本真的避风港。每逢节庆日，会举办七碗茶会，并邀请古琴、禅舞、书画、太极等艺术家来进行文化交流，让每一位客人在文化韵味中找到内心的宁静与平和。

遇见二月别居，你将会发现，生活中会有如此多的精彩在等待，等待你随心探索和体验。在这里，每一刻都是在与自然对话，每一次呼吸都是在对生活的热烈拥抱。

民宿地址：

象山县泗洲头镇何金石村。

民宿周边景区、景点：

中国渔村景区、石浦渔港古城景区、象山影视城、东海半边山、松兰山等。

民宿特产、美食：

海鸭蛋、海鲜、红美人、麦饼筒等。

民宿
二月别居

二月别居

祥云亦宿 

祥云亦宿坐落于美丽的白岩山脚下，抬头就能看见玻璃栈道在山间与云雾为伴，门前是蟹钳港，小海鲜是透骨的新鲜。民宿从2018年3月开建，历经两年时间，匠心打造出明清风格的纯木结构民宿，共有2幢2层建筑，整体幽雅壮观，意境深远，像是从古书里走出来的。民宿背靠白岩山，仙鹤常踏着祥云飘逸于其间或在此歇息。民宿主期望无论是仙子或是凡人都能来此停留，享受这份惬意，因此取名“祥云亦宿”。

每当暮色降临，民宿的亮点便展现于眼前——夜景灯光，整个民宿采用柔和的射灯与昏黄的竹编灯笼来营造意境，提升整个夜景的可观度。院内共8个房间，两个别致幽雅的小院围绕着木制的厢房、茶室、餐厅。全屋有地暖式榻榻米和中央空调，冬暖夏凉，每个房间都有45平方米以上的空间。筑造木屋的木材未刷漆，是一种不加装饰的原生状态，让客人住得“舒心、安心”是祥云亦宿最大的心愿。

祥云亦宿有一个“两刀一嫂”的文化主题。“两刀”代表木刻刀和菜刀，指的是民宿男主人的木雕细作和渔家酒菜厨艺。男主人是一位很有匠心的传统手工木雕艺人，民宿的窗棂格栅、斗拱翘昂、木质灯具，都是他亲自选材和设计雕刻而成。这就是民宿男主人的第一刀——木刻刀。第二刀——菜刀在厨房，他烧得一手好菜，也得益于门口海涂的小海鲜，抓上来都是活蹦乱跳的，它们半小时前还在海涂，半小时后就成了佳肴呈现在餐桌上。

“一嫂”就是民宿女主人了。客人每每来到祥云亦宿都称有种回家的感觉，他们都在背后称女主人为现代“阿庆嫂”。她的绝技绝活就是手工点心制作。现在有很多点心已经告别手工制作的时代，民宿女主人则希望通过民宿的平台，把点心手工制作技艺继续传承下去，也希望有更多的客人来一起体验，比如萝卜团、米粉做的肉末小包子、红豆团等。

这个“两刀一嫂”名号得到了很多客人的认可，其中有位客人为了感谢民宿主的热情好客，还亲自提笔书写并雕刻成牌匾赠予民宿主。

除此之外，在民宿里面还有更多的文化体验活动提供给客人，如木雕细作、古风拍摄、汉服体验等。

民宿地址：

象山县茅洋乡白岩下村 152 号。

民宿周边景区、景点：

茅洋玻璃栈道、浙江灵岩山风景区、象山影视城（4A 级景区）、象山海影城、石浦渔港古镇等。

民宿特产、美食：

象山小海鲜、米馒头、萝卜团、麦饼筒、象山红美人等。

象山雨宿民宿

雨宿民宿藏于山清水秀的 3A 级旅游村落——白岩下村。白岩下村最有名的是仙岩风景区。身行其中，一边是植被葱茏叠翠，一边可俯瞰蟹钳港风光。脚下是怪石嶙峋，且惊且险。

雨宿取名于南宋僧人志南的“沾衣欲湿杏花雨，吹面不寒杨柳风”诗句。它原是村里最早建造的小高层别墅，后翻新成为旅游村的十佳庭院，民宿主人看齐乡里旅游大风向标，开始第三次装点小别墅，便有了现在清雅又不失格调的和风雨宿。为生活做减法、为思想做加法，让生命和自然相融的民宿。

车辆停靠在古木树荫下，恣意观赏山水人家。象山多雨水，梅雨时节杏花微雨，蒙蒙细雨似要沾湿衣裳，却在吹拂脸庞的南风中，拥抱每次耐心惬意的远足；雨水落在屋檐上，院子便充满了禅意，“青砖绿瓦庭院深，雨宿逢客倚微风”，雨宿是游客的休憩场所，同时也是心灵港湾，“喧闹任其喧闹，自由我自为之”。它为快节奏的现代生活，开辟一处幽雅僻静的空间，提供一种朴素淡泊的心境之所。秋千、鱼塘、细雨，在这里倾听、感受、沉思或者梦想。

民宿别院楼高 3 层，共有 7 间客房。每间房都风格不一，且都有他专属的名称：拂晓、蝉鸣、南栀、聆音、风吟、知鱼、竹影。房型共有 3 个类别：豪华落地窗大床、标房与温馨大床房。

房间的设计将白墙与木质材料相结合，使空间自然纯粹；以欧式灯具为点缀，映出低调与雅奢，提升室内的整体气质。简洁现代的房间，配以木质材质的家居设计，简约而不简单，极具个性。卫生间干净整洁，为每一位旅人都贴心准备了高端洗漱用品。游玩结束后洗去白日的尘嚣，懒懒拥进被窝，让身心在这里得到放松。

另有中西式厨房各 1 间，中餐厅 4 张餐桌、中式包厢 1 间、西餐厅 1 间。可供旅人吃早餐、甜品、西餐、喝咖啡、聊天和会议使用。民宿主十分热情好客，从事甜品行业数年的她追求精心服务，这也是民宿主对外最好的名片！让五湖四海的旅人入住时都能品尝到，轻轻松松实现甜品自由！还有棋牌室 1 间，有花园和观景露台等，露台上可以烧烤，边撸串边赏夜景，吹吹风聊聊天，好不惬意。夜晚来临，仰望星空，聆听星星的语言，感受不同于城市的夜生活，享受着璀璨美丽的夜景。楼下的秋千椅则是小朋友的最爱。

尽情融入如家般温馨的雨宿小院吧。

民宿地址：

象山县茅洋乡白岩下村胡家 90 号。

民宿周边景区、景点：

象山影视城、海影城、阿拉的海水上乐园、松兰山等。

民宿特产、美食：

象山红美人、米馒头、麦饼筒、海鲜等。

随囍民宿 

“与其说这里有民宿，不如说民宿仅仅是恰好的存在”，为了感受山、聆听水；为了寻归荒野、安放身心，可以实现理想的乡居生活。随囍，应该就是这样的。

随囍民宿是浙江省“金宿”民宿，2016 年由原有自住民宅改建而成，外观由宁波大学设计院设计，并获得象山县中式民居建筑设计大赛三等奖，在 2020 年与 2023 年进行了品质提升。民宿建筑装修采用现代与新中式的结合，以中国传统建筑文化为底蕴，与现代年轻思维相碰撞，从而达到 20 岁至 70 岁各年龄群体都能接受并喜欢。在室内装饰中，民宿主人结合了自己 30 年装饰装修经验，美观与实用充分结合，巧妙地使两者在碰撞中融合。民宿内处处都体现了日常生活的细节，同时又体现了民宿的个性与美观。装修简约质朴却随处可见民宿主人的用心之处，格调贴近家庭生活。房间装饰虽不奢华，却每个房间都风格不同，各有主题。

在产品服务方面，民宿以贴近生活为主线，让住宿的客人都能够感受到在亲戚家做客的热情和自在，从到达民宿就能感受到民宿主人热情的招待。在学习酒店先进服务理念的同时，摒弃了酒店服务与人的距离感，把乡村淳朴热情和风情民俗都展现给来到这里的客人。民宿主人结合自己的资源衍生多种服务，衣食住行都是民宿能够服务到的范围。

随囍民宿创建初期就是希望通过自身发展经验，带动村集体的民宿产业与旅游产业。在营业之后成为贤庠镇最好的民宿，积极带动了当地民宿与文化产业的发展。与此同时随囍还对每一位客人提供象山旅游私人定制服务，根据客人需求提供不同的游玩象山攻略。随囍民宿还致力于发掘当地传统文化、传统手工艺、传统美食的保护与发展。民宿的主人文化与私房菜也是其特色之一。民宿自营业至今获得了消费者与行业的一致好评，互联网评分更是高达 4.9 分以上。

人生是一次无止境的漂泊、人生又是一场独自的修行。修的是一个梦，修的是一颗心。随囍不会诺许你一幢浪漫的海天别墅，而是应许你一个可以寄托心灵的地方，更许你一种有态度的乡居生活方式：让心靠岸，归于平淡，把日子过得如诗如画。

民宿地址：

象山县碶头陈村荣兴路 27 号。

民宿周边景区、景点：

松兰山、饭桶山、长沙渔村、斑斓海岸、中国咸祥航空飞行营地等。

民宿特产、美食：

有机稻米、水蜜桃、杨梅、红美人、稻草鸡等。

海防巢营民宿

海防巢营民宿位于象山石浦半边山景区内。海，是永远的乌托邦。吾有一友，每每被工作与办公室政治折磨得濒临崩溃之时，总要指天发誓：有生之年，一定要攒足一笔钱，去海边买个小屋，面朝大海，春暖花开。现在不用等有生之年了，海防巢营已落成，只要兴之所至，随时可来消磨时光。

海防巢营民宿，是“柿子红了”品牌下的第三家民宿，也是一山一湖一海的终曲。依托半边山景区，丰富的户外活动是它得天独厚的资源，登山、环海跑步、骑行。还有沙滩上的篝火晚会，能使人解除身上的所有武装，赤足热舞到疯狂。景区内有两个沙滩，鱼跃沙滩沙质柔软，滩面平缓，最宜带孩子嬉戏，玩水、堆沙、捡贝壳，胆大的娃还能去捉小螃蟹；蛟龙沙滩礁石多，海洋生物丰富，宜与心爱的人一起，在海边静坐晨昏，看日升月落。入住海防巢营，不但能享受阳光、沙滩与海浴，还能与牧场区的小动物们近距离接触。看黑天鹅高傲地幽游于水塘、大白鹅则大摇大摆与行人争道、梅花鹿喜欢躲在人后，萌萌哒地探头探脑。

海防巢营度假小木屋，沿山而建、靠海而居，轻轻巧巧地伫立在半山腰。门前大片草坪，青石小径一路引领，幽深静美如绘本插画。房间内饰以蓝白为主基调，配以跳脱亮色系，整体风格清新明丽。被山间木屋围绕着的老柿林咖啡厅，整面玻璃幕墙与 LOFT 空间设计融为一体，空间感极强。白天看蓝天白云游荡、夜晚观繁星密布苍穹。咖啡厅内设置影音区，会议与 K 歌均可；儿童区备有上百本绘本，可供孩子们挑选。民宿中还有经过专业训练、技术过硬的教练团队，为企业团队建设和拓展量身定制各种活动，并提供场地。

海边的一天，可以这样度过：晨起，可沿着环海道晨跑；白天一整天，可在沙滩、海水、牧场、果园任意晃荡；傍晚，坐在礁石上听海鸟声声低鸣，在赤金色的斜阳里看渔船归棹。

港口的渔获，都是透骨新鲜的海产，虾、蟹、甲、螺等让人自然想象一桌二十几个不重样的海鲜盛宴。

晚饭后，可在咖啡厅内 K 歌、观影、茶歇、酒聚等。当然最尽兴的是燃起一篷篝火，赤足在沙滩上歌舞升平至深宵。

最后，入住小木屋，在海浪声中度过美好的夜晚。

如果你也喜欢大海，来吧！这里一定不负你的期望。

民宿地址：

象山县东海半边山度假南路 8 号。

民宿周边景区、景点：

东海半边山、石浦古城等。

民宿特产、美食：

海鸭蛋、海盐、象山红美人、枇杷、紫菜等。

朝山暮海民宿

提起石浦，大家会想到渔港古城、中国渔村和东门岛，以及那些渔港文化和海鲜美食，犹如世外桃源。有个地方却是石浦的世外桃源，进入人们的视野，这便是被誉为“宁波精品民宿第一村”的沙塘湾村。

自然的海岸线没有经过任何修整，自然纯朴，在海边，可以找到贝壳、小螃蟹等。停在渔村的码头上，日出每天从这片海湾升起。从石浦镇区往东走，穿过隧道，跃入眼帘的是一个小小渔村，面朝大海，青山笼翠，民居错错落落依山而建，如宣纸上的一幅水墨画。在沙塘湾的东南端，是朝山暮海民宿。

朝山暮海民宿的位置特别好，在海和山交会的边缘，出门就是海，背后就是山。它的海拔高度恰到好处，人坐在露台上，正好可以俯瞰海面。正如诗中所言：“有一所房子，面朝大海，春暖花开”。取名朝山暮海，是因为主人希望把大海装进每一个房间，大部分客房拥有 180° 的海景。主人以家的感觉来打造这家民宿，这儿没有标准化的东西，觉得哪处适合看海泡澡，就加上浴缸；觉得哪处视野很美，就设计成可以约会的露台；为追求最大的视野，海景房就设计了最大的落地窗。夏天水温适宜的时候，还可以去泳池里游泳；特制的赶海装备可以让宾客体验一番下海当渔民的感受。

从家具到床品、装饰，甚至杯子和书，都是费了很多心思淘回来的宝贝。床品、器具、洗护品等选用了高级又环保的材料。

这里是一种跟城市截然相反的生活方式，四面被大海和群山包围，十分安静、十分简单。朝山暮海给客人安排的娱乐方式，都是一些去电子化的活动，比如早上起来在海边做晨跑、去礁石上海钓，或者晚上在影音厅一起看电影。民宿也会组织大家一起做一些玩乐活动，如去滩涂边亲手捡小海鲜，或者组织大家亲手制作鱼拓画。另外，民宿还有一些特色餐饮，早餐是海鲜面和当地点心，人多时采取自助餐；午餐可以选择吃海鲜一锅端，或者按需制作一桌海鲜宴。在这里吃的是海鲜源头。

周边游玩景区很多，有久负盛名的石浦渔港古城、中国渔文化博物馆、中国渔村、渔港码头等。这里更多的却是那些并不知名的古渔村、野礁石等，则适合自己去探访寻奇。

在朝山暮海民宿对面的海岛，太阳每天会从那里升起，想要看日出，只需要躺在床上语音控制打开窗帘即可。早上七点钟左右，太阳会从海岛那里缓缓升起。在日出的十几分钟里，天空和大海会变化出无穷的色彩，那种海天一色的景象，让人难以用语言表达出来。这大概就是许多人喜欢这儿的原因，海就是海、我只有我；想看日出无需去等，喜欢哪就住在哪。生活本该简简单单。

朝山暮海民宿以其得天独厚的地理位置、完善的设施和服务、丰富的文化体验，成为象山旅游的一张亮丽名片。在这里，宾客可以尽享山海间的日出日落、品尝源头之地的新鲜海鲜、体验美景与美食的完美融合，感受时光与情怀的交融。无论是家庭出游还是朋友聚会，朝山暮海都是最理想的选择。

朝山暮海民宿凭借其卓越的经营成果和社会贡献，屡获殊荣。2020 年被拟认定宁波市星级客栈，2020 年获评国家文旅部乡村文化和旅游带头人支持项目，2021 年被评为象山旅游产业经营先进团队，2022 年荣获宁波市四星级乡村旅游运营团队称号等。民宿主人和管家们基于乡土人文和渔家民俗，致力为宾客提供有温度的优质服务，创造更好的海滨旅游度假体验。

民宿地址：

象山县石浦镇沙塘湾村。

民宿周边景区、景点：

石浦渔港古城、中国渔村、石浦环港游、檀头山岛、中国渔文化博物馆等。

民宿特产、美食：

象山海鲜、米馒头、发糕、海鲜面、麦饼筒等。

俞家小院

俞家小院坐落在象山县新桥镇上盘村，三面环山。山村背靠钟灵毓秀的灵岩山、面临广袤的田野，与国家 4A 级景区——象山影视城遥遥相望。村落民居错落、石巷阡陌、溪流潺潺、鸡鸣晨辉、犬吠童跃。

小院位于山村核心位置，毗邻停车场，泊车便捷。三层的建筑粉墙黛瓦、石雕花窗、马头墙高低错落；四合庭院内，石板小径、翠竹葱郁、藤萝扶墙、石磨瓦缸、木桌木凳、点缀小品，使小院在自然朴质中复得园林之趣。

小院共有标间、大床房、豪华套间等 15 间，房内装饰尽显古朴自然之风，设施温馨舒适、整洁卫生。每个房间均有窗户、独立空调和卫浴间、有线电视和 WIFF。200 平方米的地下“酒吧”，星罗棋布高粱酒、葡萄酒、枇杷酒、蓝莓酒等，自种自采的水果配上自烧白酒，甘醇芬芳，回味悠长。小院配备棋牌、台球、乒乓球等运动设施可供休闲娱乐之需。四合天井既具露天之野趣，又有内庭之温馨，是团队活动的理想场所，举首可观月移星疏，凭栏但闻野茶馥郁。

小院主人朴素热情、淡雅淳朴，能烹饪一手色香味俱全的特色农家菜肴。山间毛笋、田头马铃薯、瓜棚西红柿、食谷家鸡、鲜美海鲜，配上自制佳酿，让人尽享舌尖美味。

小院的伴手礼是“俞新味”果酒。在象山，乡下老一辈人都会在秋季丰收后做传统的“番薯烧”“高粱烧”等，以此为底酒泡制“杨梅果酒”。民宿主做杨梅酒有二十多年了，一开始自己家人喝喝，慢慢地亲戚、朋友都觉得口感不错，久而久之，在周边小有名气。2017 年开民宿时推出杨梅酒，作为民宿客人品尝当地特产之一，意想不到的是，客人非常喜欢这个酒的口感。在杨梅季节，有些客人会预约来采摘，一起制酒，慢慢地萌发了要定型一款果酒的想法。新酒的储藏需要在荫凉通风地窖里，待来年开春时品尝一口，口感带着清冽果味、色泽鲜亮；若放置两年后，杨梅酒酒香迷人，口感醇厚绵柔，带着像琥珀一样淡黄色光泽。酒多不上头，夏季防中暑。杨梅酒有排毒养颜、开胃消食的功效。夏季喝杨梅酒，冷藏入口凉爽，口感极佳。

上盘村杨梅种植历史悠久，上千棵杨梅树环绕村子周围。俞家小院的杨梅基地就在民宿边杨梅山上，有 500 多株。近年来，随着周边民宿、旅游市场的繁荣，杨梅酒的销量已初具规模化，实现了从斤到吨的量变。带动了村子里杨梅与杨梅酒的市场已具规模，提升了村里的收益，推动迈向共同富裕的步伐。

民宿地址：

象山县新桥镇上盘村。

民宿周边景区、景点：

象山影视城、海影城、滩涂乐园、火峰山、玻璃栈道等。

民宿特产、美食：

俞新味果酒系列、杨梅酒、蓝莓酒等。

俞家小院

花开墙头民宿

花开墙头是一家以“甜品治愈”为主题的民宿，院子里种植着各色花卉，带给人静谧舒适的独特体验。花开墙头民宿于2021年5月开业，2022年被评为浙江省“银宿”，2023年被评为“浙韵千宿”。民宿建筑面积248平方米，位于象山县墙头镇墙头村，紧邻西沪港，生态环境良好。

这是一家新锐精品民宿，店内除提供住宿和餐饮服务外，还开放甜点定制、咖啡、花艺及聚会服务等。相对城市的繁华喧嚣，他们选择一种与世无争的态度，于蜿蜒的乡间小路处筑一民宿，从此青山绿水为伴、植花听鸟鸣为乐，过惬意生活。

整个民宿的设计来自女主人的先生构思，将木质结构和花卉结合；森系木作是女主人公公的独家手艺。从而组成了这独一无二的休闲空间。民宿共有6间客房，含双人房、大床房、亲子房等，鸢尾、月丹、蔷薇、绮帐、朝华、隽客，每个房间名都延续着古风之韵。房内采用喜临门乳胶床垫、高品质的棉织品、TOTO卫浴设施、Zahrat Assahra轻奢品牌洗浴用品等。舒适的床品，一夜好眠；大大的落地窗，目之所及皆是绿、耳听鸟鸣溪潺，闲适的日子在花开墙头慢慢过。

民宿伴手礼在“甬乡伴”2021 宁波乡村旅游（民宿）伴手礼大赛中荣获工艺奖，其名称即为“花开墙头”。

因怀念小时候的田园生活，如抓田螺、摘野葱、挖土豆、捣麻糍等，设计了相应的活动，在花开墙头，城里的孩子们也能够拥有丰富多彩的乡村童年。

女主人的先生规划着民宿的一点一滴，运用极强的动手能力来呈现民宿的一砖一瓦。而女主人是专业法式甜品出身，曾在宁波南苑饭店任甜品师，对于甜品有着自己独到的见解，如把墙头草莓，墙头茶叶融入甜品里。民宿里还有咖啡培训体验课、烘焙体验课、非遗体验课等活动，为民宿带来创新与活力。

民宿地址：

象山县墙头镇杏花西路 1 弄 17 号。

民宿周边景区、景点：

海山屿 、松兰山旅游度假区、半边山旅游度假区、阿拉的海水上乐园、龙溪峡谷漂流等。

民宿特产、美食：

象山红美人、米馒头、海鲜、萝卜团、麦饼筒等。

花开墙头
花开墙头民宿

乡方里居民宿

象山县东陈乡旦门村，原名“仁义村”。据县志记载，明朝末年多地频发荒灾，该村村民多次无偿为灾民捐赠医药和粮食等，甚至典当家产来行善，因此受官府褒奖“仁义”一词为村名。

2021 年，女主人在老家旦门村的宅基地上建了新房，但常居县城而空置，受政策引导和领导的推动，以积极带动家乡的乡村旅游经济发展而创办了民宿。

民宿之名“乡方里居”，“乡方”出自《礼记・乐记》，意谓归向仁义之道，与所在村落的历史文化相吻合；“乡方”的宁波方言意为来客入乡随俗之意，通过民宿的方式来传承仁爱正义，颂扬乡村“仁义”传统文化。

民宿有 6 种不同主题的房型，共计 14 间客房。客房明亮、宽敞、干净，选用品牌床垫和卫浴。室内公共区域有亲子游乐阅读区、“小贝壳”手工作坊、电影（KTV）厅、自助茶室等，庭院有儿童户外活动区、开心农场和大草坪等。经常开设非遗课堂，组织亲子活动，从采摘、阅读、做手工中增进乐趣和亲情；也可帮助客人做旅游计划，介绍风俗民情，陪同客人赶海；并提供免费接送和旅拍；或提供自制特色点心和海鲜面。坚持真心相待，热情服务，为旅客提供物美价廉的产品和服务。

民宿地址：

象山县东陈乡旦门村399号。

民宿周边景区、景点：

松兰山旅游度假区、半边山旅游度假区、阿拉的海水上乐园、龙溪峡谷漂流等。

民宿特产、美食：

象山红美人、米馒头、海鲜、萝卜团、麦饼筒等。

03 湖·宿·篇

HU SU PIAN

重逢·钱湖 1936 民宿

民宿成立于 2018 年春。泛舟湖上，老洋房在一片白墙黑瓦中犹如璀璨明珠，格外夺目。始建于 1936 年的它，曾是上海木业巨头曹兰彬的府邸，如今化身为一个充满魅力的精品民宿与餐厅——重逢·钱湖 1936。这里集餐、茶、宿、物、聚于一体，成为休闲度假的新宠。

依山傍湖，风光如画，重逢·钱湖 1936 民宿占尽地利人和，成为利民村的首家民宿。想象一下，傍晚时分，躺在湖景房里，窗外是夕阳下的钱湖美景；清晨醒来，阳光洒在脸上，窗外是旭日初升的壮观景象。房间的名字，是与环境一样充满诗意——拾光·晓钟、舞云·先枰、别院·吊矶和玖心·霞屿等。

这里不仅有美景，更有美食。在湖语山房餐厅可以品尝到渔民新鲜打捞的东钱湖湖鲜，钱湖螺蛳、钱湖湖虾、青鱼划水、朋鱼等都是独属于东钱湖的美味，并有更多精致私房菜可供选择。用餐环境同样不容小觑，二楼的独立包厢可以尽享湖光山色，而湖中心的船宴则又是一次别样的用餐体验。

走出民宿，利民村的美景同样令人陶醉。这里是宁波网红打卡地之一，周边景点更是数不胜数，小普陀、陶公岛、钱湖秘境、湿地公园、院士公园等。环湖而行，每一处都是一幅美丽的画卷。逛累了回到民宿，来一份精致的下午茶，临湖而坐，享受微风拂面的惬意时光。

此外，民宿还定期举办各类文化活动，如琴乐雅集、手作体验等，让民宿之旅更加丰富多彩；这里也是企业团建、家庭聚会的理想之地。

自开业以来，重逢·钱湖 1936 民宿获得各项殊荣，被评为“必睡民宿”“美食民宿”等，女主人更是荣获“最佳运营奖”“最美女主人”等称号。2023 年，更是被评为浙江省“银宿”民宿。

何不花上一天时间，来到重逢·钱湖 1936 民宿，与美景、美食、美宿来一场不期而遇的重逢呢？

在这里，让心灵与钱湖的美景交融，重逢一湖春水的美好。

民宿地址：

东钱湖旅游度假区利民村曹家洋房 147-1 号。

民宿周边景区、景点：

小普陀、陶公岛、钱湖秘境、湿地公园、院士公园等。

民宿特产、美食：

朋鱼、青鱼划水、钱湖之“吻”——螺蛳、湖虾等。

乡遇·隐居云湖民宿 

乡遇·隐居云湖地处慈城镇南联村，在风光旖旎的云湖畔，有4个中式禅意庭院，清幽安静。民宿整体建筑在尽最大可能保留原始老房屋的基础上，精心设计改造而成，整体依然保留了村子的地域文化特性，与周围环境协调，在符合村子的整体风格上融入了中式禅意。木质结构房子给生活一种古色古香的韵味，青砖黛瓦则好似一幅山水笔墨画。沿着石板路走来，静静感受时光慢下来的那份闲适。塑造了“泊居云湖，静隐山中”的隐居式度假生活时空。并以“仙气”为特色，成功构建一个古风度假民宿，因民宿的环境幽雅舒心，也在乡村婚礼行业迅速出圈。

目前已获得“金宿”“文化主题民宿”“新乡村音乐发源地/新乡村音乐创作发布基地”“中国新乡村音乐创作体验营”等荣誉。

乡遇·隐居云湖，以民宿为支撑点、新乡村音乐为文化输入点，借助南联村丰富的物产资源、深厚的文化底蕴、沉积的历史遗迹，开发了农/文创产品，积极探索乡村振兴模式。结合村子的旅游特色，通过艺术植入和对村民的美学素养培育，把乡村的传统美食、美景等进行包装升华。借助线上线下带动南联村经济发展，如官方媒体、自媒体等各类平台宣传，推动南联村旅游流量提升。初时，村子还是慈城边上一个很冷清的村庄，经过民宿落地后团队的全力运营，以及政府给予的重视和支持，随着乡村各种配套的建设、村容村貌的提升，现在已成为一个热门旅游乡村。

民宿运营多年以来，已形成自己鲜明的特色，坚持围绕一个主题、一个主人、一个故事、一桌家宴、一项技艺展演、一份伴手礼、一场特色活动、一组服务记忆等“八个一”来展开，落实到民宿的日常运营中。民宿以“新乡村音乐”为主题元素将民宿融入乡村，联合知名音乐公司、媒体单位、社会企业、农产业机构等共同搭建乡村音乐的创作、演绎、传播、交流的大平台。内容以翻唱、民谣、古筝摇滚结合的创新音乐为主，鼓励原创、鼓励内容创新、邀请著名音乐人助阵等模式，进行乡村音乐的深度挖掘。人才培养、文化融合，推动具有本土特色的“乡村音乐”发展。以乡村音乐活动来激活乡村文化，为乡村植入多元化生活方式，最终与村庄实现共富。

民宿以“民”为本，不仅是以“客人”为本，更要以“村民”为本。民宿与村民紧密联系，帮助村民实现增收，结合当地当季农民种植养殖的农产资源，开发出“笋宴”“杨梅宴”及特色菜系，并打造出“红楼宴”“桂花宴”“蟹宴”等“乡遇十宴”沉浸式美学餐饮。以当地农产资源特色，开发出畅销的“笋麸妹妹和花先生”，以及“杨梅”“吊红”“孝笋”等伴手礼，帮助村民极大地提升市场销售。

民宿地址：

江北区洪塘街道安山村上房前赵 6 号。

民宿周边景区、景点：

慈城古镇、雅戈尔达蓬山旅游度假区等。

民宿特产、美食：

毛力蜜橘、毛岙山笋、慈城年糕等。

悦湖居民宿

悦湖居民宿位于九龙湖秦山村，由当地民居改造而来。这里不仅能体验到世外桃源般的农家生活，更有九龙湖特有的山湖风光，让人享受尘嚣外的心旷神怡。建筑面积350平方米，占地面积420平方米，庭院面积70平方米，共有三层楼、6间客房。专门聘请同济大学设计团队精心打造而成。

进入民宿，一股温馨的气息扑面而来。原木的桌椅、全景落地窗，让室内空间充满了温馨与明亮，仿佛阳光都在此驻足。与三两知己围坐，轻煮一壶水、细烹一盏茶，这份宁静与惬意，仿佛让时光都慢了下来，别有一番风味。继续向内探寻，一个宽敞明亮的公共客厅映入眼帘，这是游客们聚餐娱乐的绝佳场所。休闲区提供丰富多彩的娱乐设施，无论是棋牌对弈、静心阅读，还是放声高歌，都能让人在这里找到心灵的归宿。躺在柔软的沙发上或高歌一曲，让疲惫的心得以彻底放松。推开后门，一个别出心裁的星空餐厅展现眼前。包厢宽敞明亮，可同时容纳十余人就餐。在游山玩水之后，在悦湖居享用特色美食，抬头便可仰望那璀璨的日月星辰，仿佛置身于浩渺的宇宙之中，别有一番情趣。这里不仅是味蕾的盛宴，更是心灵的旅行。

民宿主人匠心独运，将自然之精髓巧妙融入居所，实现了人与自然的和谐共生。在设计之初，民宿主人便展现出非凡的巧思与雅趣，让每一处空间都充满诗意。一楼以竹为格，静观人生百态，仿佛能听见竹叶在风中低语；一楼地面以砂石铺就，山石相映成趣，绿植翠竹点缀其间，仿佛一幅生动的枯山水画卷在公共客厅中徐徐展开；二楼则赏枫景，孤枫独立于天井之中，随风轻舞，一叶知秋，窥见四季轮转的韵律；二楼的采光天井设计巧妙，打破了空间的界限，阳光透过天井洒下，与孤枫交织成一幅光影斑驳的画卷，治愈人心。大面积的落地窗将青山绿水引入室内，让人仿佛置身于自然之中，感受阳光与微风的轻拂。光影在室内随着时间的流转而变幻，营造出一种宁静而舒适的氛围，让人在放松中享受岁月的静好。卧室环境幽雅而舒适，高端大气的家具、整洁干净的被褥以及简约大方的风格，都让人感受到家的温馨与惬意。而数字化生活的便利也在这里得到了完美的体现，只需轻轻唤醒小度，AI 智能管家便能帮您打开窗帘，直面青山绿水，感受大自然的怀抱。而三层的天台，则可将无限风光尽收眼底，令人心旷神怡。沿着楼梯拾级而上，登上天台，眼前的景象豁然开朗。360° 全景观景台让您一览秦山美景，南面是三圣殿水库的波光粼粼，西面则是茂密的竹林，清新的空气令人心旷神怡。远处山峦叠翠，烟波浩渺，鸟鸣蝉鸣不绝于耳，凉风习习，一切都显得那么自然与朴素。夜晚，有清风明月相伴，早晨在自然的呼唤中悠然醒来。沿着秦山的环湖公路漫步，呼吸着新鲜的空气，领略着如诗如画的山水风光，这样的度假体验简直妙不可言！

7 个房间不同主题、不同风格、各具特色。“亭疃”被用来形容初升的太阳，“青岚”形容初夏的第一阵微风，“瞻日”指的是仰望日月，“卿云”是一种彩云，古人称为祥瑞，“阅川”比喻年华，“白藏”取名自“秋为白藏”，指的是秋天，“向晚”指的是夜晚来临的时候，“凌月”指的是洁净，爱与美，吉祥和幸运。象征着悦湖居依山傍水，临湖而居，虽小而精致，伴朝阳白云、明月晚星，如同一颗微敛光华的明珠藏身于青山绿水之间，期待被伯乐们发现，有朝一日能熠熠生辉。

民宿地址：

镇海区九龙湖秦山村朱家。

民宿周边景区、景点：

九龙湖风景区、达蓬山风景区、香山寺、保国寺、植物园等。

民宿特产、美食：

九龙雄鱼头、秦皇焖鸡、笋干烤肉、黄金玉米片、笋芙河虾等。

止善堂民宿 

止善堂民宿名称的由来，源于《大学·礼记》：大学之道，在明明德，在亲民，在止于至善。《大学·礼记》的宗旨在于弘扬光明正大的品德，在于弃旧图新，在于使人达到最完善的境界。

止善堂民宿所在的宁波东钱湖旅游度假区殷湾古村，钱湖十景中的殷湾渔火、白石仙坪就在此地。南宋开始就是一个江南小渔村，整个渔村呈半岛地形，民居环平满山，面湖而建。山上林木修茂，终年青翠；山下村舍整齐，墙门相连。目前还有不少伴水而居的村民以捕鱼为生，每到夏夜，殷湾渔家村舍透窗之灯、河埠渔船挂桅之灯，星星点点，加上天上皓月之光，照得湖面浮金淌银，更有渔歌飘出、夜莺鸣叫，一幅古朴美景，曰：殷湾渔火。

止善堂民宿就在殷湾村的村口，建筑背山面湖，建筑面积 320 平方米。庭院 150 平方米，主体建筑由 3 室 2 厅的独栋二层小楼和 2 个独立套房组成，共有 5 间客房，适合 5 户家庭结伴出行。室内公共区域 120 平方米，针对江浙沪大城市主流客户群体的审美需求，装修成民国老上海怀旧风格，提供会议、棋牌、茶室、书画雅集等服务。庭院内有三棵枝繁叶茂的百年老樟树，炎炎夏日，在老樟树下，伴着声声蝉鸣，以茶会友。在临湖的老樟树下，还搭建了观景木平台，方便顾客打卡留影。

止善堂民宿适合团建、轰趴、家庭聚会、艺术雅集等，同时也提供插花、香道、书画、茶艺、古琴等传统文化体验服务。针对顾客的不同需求，还提供旅游线路规划推荐、水果采摘等服务。无论是公私差旅、亲朋小聚、还是亲子旅游，一定让您感受到同样的温馨服务！

民宿地址：

鄞州区东钱湖镇渔源路 31 弄 6 号。

民宿周边景区、景点：

小普陀景区、福泉山景区、韩岭老街、钱湖秘境、雅戈尔野生动物园等。

民宿特产、美食：

青鱼干、朋鱼干、虾干、钱湖河虾、浪里白条等。

官驿湖居民宿

官驿湖居为宁波柿子红了民宿文化发展有限公司旗下的“柿子红了”品牌民宿“山海湖”系列产品的“湖居”代表之作，官驿湖居以公司多年经营并拥有广泛市场影响力的“柿子红了”品牌为依托，凭借经营多年的品牌市场影响力，以及成熟的人才团队和管理经验模式，着力打造具有乡土艺术氛围、兼具亲子教育培训、小型商业艺术活动等多样化服务功能的特色民宿。

“西子风光、太湖气魄”，官驿湖居位于东钱湖畔南宋宰相村官驿河头，院落里错落有致的三栋粉墙黛瓦房子，容纳12间的轻奢客舍，舍名以宋词词牌命名。内部装修与摆饰处处体现了宋时江南民居的温婉气质，时刻吸引着路人的目光。

民宿的院子里、篱笆边种满了主人精心挑选的花卉，尤其是随风摇曳的各款蔷薇身姿婀娜，因其雅致俊秀，使这里被誉为江南最美的倒影民宿之一。一到五月，小院满目花事，垂条绕架，枝叶葳蕤，花开正盛时，行人无不为之驻足。住进小院，就是住进一场绰约清丽的梦里。这是一家浪漫小资生活的情怀格调民宿，适合闲闲地坐、慢悠悠地赏。

从一个市里的企划设计师，变身成为一家民宿管家，有人会说：“为了什么在折腾？”其实对民宿主来说，生活不仅仅是安定，更重要的是灵魂是否在滋长。从快节奏的都市生活中，转换为慢生活里的一个民宿管家，更多的是静下来，给予接待的客人一种回家的感觉，是对自己的另一种认定。看惯了都市丛林，接受大自然对我们的馈赠是一种全新的体验，等您来，这里有酒有故事。

民宿地址：
鄞州区环湖东路东钱湖旅游度假区下水官驿河头。

民宿周边景区、景点：
下水湿地公园、东钱湖等。

民宿特产、美食：
宁波菜等。

韩岭大院

韩岭大院位于宁波市近郊，东钱湖南岸，离城仅半小时车程的韩岭老街中间位置。是“柿子红了”品牌下第六家民宿，青砖白墙、别院幽深，曲曲折折的旧巷内，有值得小逛的人文街景。

韩岭老街是东钱湖新晋旅行打卡地，既有宁静质朴的水乡慢生活，也有底蕴深厚的现代文艺聚集地。街景极具人文风情，在曲折蜿蜒的小巷里走走逛逛，重温旧时光、各具特色的小店和超多美食，让游客大饱眼福和口福。

东钱湖是宁波风景名胜区之一，湖的东南背依青山，西北紧依平原，素有“西湖风光，太湖气魄”之美誉。从韩岭老街出发，步行 5 分钟即可到达湖边。清晨或黄昏时分沿湖边散步,感受清风拂面、岁月安稳美好。天气晴朗的日子，去游船码头乘船泛舟湖上，让心情随湖波荡漾，抑或到帆船俱乐部感受水上运动的快感。街头牌坊下面可以作为每日清晨和傍晚溜达一圈的地方，晨跑、骑行、看落日都俱佳。

老柿林 Cafe 里有格调小吧台、慵懒沙发、森系植物角落等，不同于城市咖啡厅过度优雅，这里更像是小资与野趣的完美融合。

临街玻璃窗定格着老街的晨昏与四季，一杯咖啡、一份简餐，即可丰富闲暇时光。二楼私密空间，是承接私宴的四季餐厅，家庭聚会、朋友重逢、公司团建，可以在这里私宴，加深感情。

韩岭大院共 9 间客房，分处柿舍、柿居、柿府三栋。全透明的落地窗设计，搭配木雕家具和米色淡雅家居，温馨且有现代感。隐匿在白墙内的庭堂院落之中，带来独特的城宿体验。

用时令食材，粗菜细作，烹饪出自然之味。

吃应季食物，日子好似有一种细水长流的从容。

民宿地址：

鄞州区东钱湖旅游度假区韩岭水街 54 号。

民宿周边景区、景点：

韩岭老街、东钱湖风景区、雅戈尔动物园等。

民宿特产、美食：

油焖笋、东坡肉、梅子肉、老三鲜、生腌六月黄等。

丹橘山房民宿

在丹橘山房民宿 4000 多平方米的园子里众多果树之中，橘子树占据着相当大一部分。橘树从开小白花淡淡清香，到黄澄澄的橘子挂满枝头，每一天都是民宿的一道靓丽自然美景，故取名“丹橘”；又因小屋坐落于山野田间，远能眺望达蓬山、近能细听蛙鸣鸟叫，故得“山房”二字。山房雅间的名称，则是源于丹橘坐落的灵秀潘岙村。潘岙有十五景，丹橘取其七，琥珀、黛蓝、百草、月白、十样锦、苍绿、竹青，古村七色，孕育出了山房独特的自然气韵。房间整体以原木色为主调，木质的温润感搭配着乳白色墙面、莫兰迪色系的帘饰，使屋里的自然元素与屋外的田间山野仿佛融合在一起。盘腿坐于榻榻米上，温上一盏清茶，与三两好友叙旧畅谈、闲话家常；或放下席帘看一场超大屏幕电影；或搬一把竹椅夜坐于石板之上，摇一把蒲扇，听蝉鸣、数星星、忆往昔，好不舒适惬意！

民宿所在村庄，淳朴的民风、古韵的乡风、独特的文化气息，赋予了整个民宿灵动的生气。周边有廉政文化礼堂、反抢粮斗争遗址等红色党建的乡村文旅；还有竹林小道、登山步道，一山一水十五景。民宿新增亲子采摘、制作本地特色美食、听溪露营、橘子树下咖啡吧、青少年主题研学、寻访红色印记等特色创意活动项目。在民宿内有特色文化展示区，将源于当地民间风俗、流传千年的手工艺品“虎头鞋”和“香囊”等非物质文化遗产展示给游客朋友们。因地制宜发展乡村产业的新模式，让传统文化与休闲娱乐交相呼应，让每一顶“帐篷”都融入青山绿水，让年轻人在乡村中获得自由和灵感。

民宿通过工坊将本地特色美食、传统制作好手艺传承，姐妹学堂落地开花，并走向“妈妈的味道”特色集市；助力优质农副产品在线上助农直播间、线下“丹橘山房巾帼推销网点”广开销路。与此同时，工坊还开设了带富组团、茶艺微课堂、创业讲座等免费培训，为传统农业产业支招，帮助村民提升创业技能、提高农副产品品质、拓宽市场销路。助力带动周围村庄妇女通过本地特色农副产品增收致富，深化“妈妈的味道”特色品牌建设。针对村内下岗失业妇女面临的家庭经济困境，工坊从源头入手，积极联系镇、村妇联，寻求就业岗位，促进她们再就业。通过积极推荐参加“育婴师”“茶艺师”“面点师”等技能培训，使村内妇女群众拥有一技之长，提高她们的就业、创业竞争力。截至2023年底，“丹橘”共富工坊累计带动杨梅等农副产品销售约6万公斤，累计聘用周边村民工作200余人，累计带动民宿创办5家，带动人均增收2万余元，助力“家门口”富民增收，被评为宁波市“巾帼共富工坊”。

民宿地址：

慈溪市龙山镇潘岙村上路谭路111号。

民宿周边景区、景点：

慈溪市红色教育基地、国家级登山步道、方家河头千年古村、鸣鹤古镇、达蓬山旅游度假区等。

民宿特产、美食：

丹橘咸笋、三姐粽子、紫缘杨梅、黄花梨、杨梅酒等。

丹橘山房

听涧·原生民宿

2017年，厦门民宿红堂主人驻足鸣鹤古镇，恍惚间真听见鹤鸣，便决定在白墙黑瓦间的江南做一件作品。凭着对民宿天生的直觉、准确的预判和沉着的自信。次年，听涧·原宿在第一场春雨后开工。

原宿选择在大隐溪畔，古朴灵秀，就像是从幽深巷子里面长出来的。近千平方米空间错落有致，素净、雅致、安宁、吱呀一声，美丽的水乡姑娘推开烟熏色厚重木门，走下浅浅的石阶去河边浣纱。

主理人兼设计师，柔弱而又坚定。设计听涧的时候她刚从一场大病中抽身，端坐在院子地上画草图，让人又欢喜又心疼。民宿11个房间，如同11位水乡姑娘，各擅其妙。素雅的单间，阳光和静谧感和谐共存；跃然的错层，有蒲团和茶；打开临溪木门，呈现一幅江南图景，水波涟漪、市井街景，与楼外的人互为观照，如梦似幻。

在细腻温婉的设计里，每扇窗、每个庭院都能触摸到古镇风物：斑驳的马头墙、呆而苍老的古树、水罐、棉布、秋日的暖阳、冬日的炊烟，仿若置身岁月里那些蝶翅一般的透明。

设计师为每个房间都绘制了一幅小画，樱花红了、枇杷黄了、和尚掉进酒坛里等，走进房间，恍若看见一个艺术家的喜悦，一位姑娘湿润的心思。

坐在二楼的小露台，是一种奇妙的体验，会忘了清晨黄昏、忘了此刻寄身于旅舍，化身攀附于黑白老墙的一枝藤蔓，头上是凝视的云。今夕何夕，此身何在。

原宿中为庭院，早上有晨雾与惺忪的鸟叫，晚上有月光与慵懒的虫鸣。黑色瓦楞垒为墙，原木大桌子像一张请柬，摆放上刚采摘的鲜花，花上还残留露水。主人准备了当地糕点，每一样都是水乡清澈的甜香。从房间到庭院，采用竹帘做区隔，虚实之间、画里画外，暧昧与想象。

民宿地址：

慈溪市观海卫镇双湖村鸣鹤古镇三房弄。

民宿周边景区、景点：

五磊山、杨梅生态观光园、上林湖越窑遗址公园、上林湖青瓷文化传承园、白洋瀑布等。

民宿特产、美食：

杨梅、年糕饺、三北豆酥糖、老鼠糖球、盐烤小土豆等。

湖岸雅院

湖岸雅院位于国家4A级景区达蓬山旅游度假区内，以素有“仙山福地”美称的达蓬山森林公园为屏、以被称为“小洱海”的窖湖为畔，秉承自然生态、天人合一的生活理念，为人们打造一片远离城市的心灵栖息之所。

湖岸雅院设有独立总台，配有低层客用电梯；大堂空间宽敞，背景墙面为特邀大师现场作画；临近大堂的雅戈尔汉麻服饰工场、手工咖啡补给站等，一起融合成了美学生活和艺术空间。

湖岸雅院共有客房53套，每套平均面积为66平方米，最大套房达98平方米，其中33套临水而建。室内以中式与西式为主格调，中式客房为寒烟翠系列，简洁雅致，配以中国古典花鸟元素，在客厅区植入了双重功能，以榻榻米为品茗阅读待客空间，同时可以提供多位家庭成员同时入住，满足全家出游的床位需要；西式客房为水上花系列，是清新奢华欧式客房，墙饰、床饰、用品件等均以湖岸雅院主题花卉鸢尾花为主打元素，作为法国国花的鸢尾花带来浓郁欧洲风情，加上零距离亲水的客房环境，实现了真实的“面朝大湖，春暖花开”。

西式客房的火烈鸟系列，是高贵舒适的美式客房，有20套，家具为实木材质，典雅、大气、富丽，客房内配饰遵循自由怀旧的风格，成就别种休闲的浪漫。

湖岸雅院设有一个全日制西式餐厅鸢尾花（iris）餐厅，以及一个中式多功能会议厅晓月厅。鸢尾花（iris）餐厅由室内及湖岸花园吧两个区域组成，合计餐位近100余个，提供24小时送房、早餐、西式自助午餐及英式湖岸花园下午茶服务。雅院同时接受小型会议、聚会、中餐包厢的定制预订，为客人打造私密、个性、高端商务宴请服务。

湖岸雅院在打造整个民宿空间时，重点强调了生活美学，将鸢尾花设定为主题花卉。鸢尾花名字源自于古希腊神话中的彩虹女神爱丽丝iris，她被视为连接神界与凡间的女神，将人间的祈愿、祝福传递给神明，再将神明的赐福带到人间。她所经之处必开出一朵朵明艳芳香的鸢尾花，为人类带来慰藉和愉悦。鸢尾花所在，就是平静的幸福，缓缓延长。湖岸雅院想为旅人传达的生活美学，正是这份长久而缓慢的幸福，关注眼下日出或日落、微雨与柳风、远山和近水以及自己的瞬间情绪，不为已经远去的昨日以及未曾到来的明天而羁绊。

民宿地址：

慈溪市龙山镇达蓬山旅游度假区。

民宿周边景区、景点：

达蓬山星梦乐园、仙佛谷、方家河头等。

民宿特产、美食：

三北豆酥糖、水磨年糕、古窑浦水蜜桃等。

银号客栈 

民宿主人是一位美院毕业的高材生，过去 20 年他带上镜头和画笔，穿越全国大大小小的古镇，阅览无数的民宿客栈，最终叫停他脚步的还是充满乡情的鸣鹤，“来了，爱上了，就不走了”。这就是银号留给他的印象。

慈溪银号客栈由原沈氏大屋改建，清代的双层多进院落，气势宏伟。门头隽朗优雅，砖雕门楼上书“云渚分华”四字，内中正厅张贴着清光绪庚辰年（1880 年）沈祖高中秀才的捷报。此大屋据传说是沈氏先人，曾在北京开银楼，积财后捐官，故在此建五马山墙大屋。秉承以历史文化痕迹保护为前提，依据原建筑为基础进行修缮与改造，在保留原有建筑特色的同时，又进行了整体的文化整合包装。老屋共三进，每进五间，呈狭长形。每个宅堂的布置，民宿主人都很用心，一直向院深走去，宅子内的墙上都挂着书画，还布置了红木桌子、茶几等，院内则有各种形态的绿植，恍惚间让人感觉是进了古代书香人家。

在银号里，还有用杨梅制作的精酿，专门采摘当地新鲜杨梅，于当地纯粮酿造，不添加任何化学香料、香精的白酒中浸泡而成，那味道丰满醇厚，回味悠长，让人难以忘怀。简单朴素的制作手法，更具食物本真的味道，民宿主打健康无害纯天然食物，杨梅酒搭配上银号客栈的特色菜品，小海鲜、银号红烧肉、雪菜黄鱼、糟肉、油淋蚕豆、糖炒馒头等，一趟银号之旅必将美满，乘兴而来，尽兴而返！

银号客栈，就这样静静地、不曾言语地隐在古镇中，黑瓦白墙、清风满庭、绿意红情，它带有岁月痕迹但一直保持着本真的初心。欢迎四海宾朋探寻览古，感受古镇千年的独特风韵，品尝乡土美味，入住客栈梦回那些年。

民宿地址：

慈溪市观海卫镇古镇弄 1 号。

民宿周边景区、景点：

达蓬山星梦乐园、仙佛谷、方家河头等。

民宿特产、美食：

年糕饺、糟鸡、年糕、笋干、麻花等。

湖上隐客栈

湖上隐客栈坐落在四明湖畔，周围环绕着郁郁葱葱的树木，空气清新宜人。湖水波光粼粼，倒映着蓝天白云，仿佛一幅美丽的画卷。

民宿的建筑风格独具特色，融合了当地传统元素与现代设计理念。房间宽敞明亮，布置简约而不失温馨。每一间房都能欣赏到湖景，让人在清晨醒来时，就能感受到大自然的宁静与美好。

在这里，可以尽情享受悠闲的时光。漫步在湖边，感受微风拂面的惬意；或者坐在庭院里，品味一杯香醇的咖啡、阅读一本喜欢的书籍。

民宿的主人热情好客，竭力为客人提供最贴心的服务，介绍周边景点和美食，让你更好地了解这片美丽的土地。湖上隐不仅是一个休息的场所，更是一个让心灵得到滋养的地方。梁弄村有着丰富的特产，其中最著名的当属梁弄大糕，它香甜软糯，让人回味无穷。此外，梁弄还是一片具有浓厚红色文化的土地，这里曾是革命的重要根据地之一。在这片土地上，无数革命先辈抛头颅、洒热血，为了民族解放和人民幸福，进行了艰苦卓绝的斗争。他们的英勇事迹和不屈不挠的精神，如同璀璨的星光，永恒地照亮这片土地，激励着一代又一代的人。

来吧，逃离城市的喧嚣，投入大自然的怀抱，享受一段宁静而美好的时光。在这里，不仅可以领略到大自然的魅力，还能品尝到美味的梁弄大糕，感受那浓厚的红色文化底蕴，一起追寻红色记忆，传承革命精神。在这片充满历史与文化的土地上，汲取前行的力量。

民宿地址：
余姚市梁弄镇后陈村 179 号。

民宿周边景区、景点：
四明湖红杉林、白水冲瀑布羊额古道、丹山赤水柿林茅镬古树村等。

民宿特产、美食：
自制杨梅酒、年糕片、笋干菜等。

04

城·宿·篇

CHENG SU PIAN

家·春秋民宿

家·春秋民宿是浙江省“金宿”，同时也是浙江省文化主题民宿。位于有800年历史的古村半浦村中。半浦村是浙江历史文化名村、宁波历史文化名村、宁波长寿村。以“渡口古村”闻名，村里青瓦白墙、古色古香的宅第民居连成一片。半浦村先后走出50位进士，目前公布的区级文保点有24个。半浦村积淀了浓厚的古渡文化、宗族文化、藏书文化、商贾文化，可谓是宁波“书藏古今，港通天下”的浓缩版。家·春秋民宿，以6大主题文化为内涵，建在省级家风家训馆旁，围绕周信芳故居而建，引入二老阁遗址、进士第等文化特色，突出慈孝、引领家风的品牌价值。作为以家风家训为主题文化的一家民宿，民宿主人聘请讲师为住客的孩子们讲解家训，希望孩子们能从小学习并意识到家的意义，代代相传。除此之外，家·春秋还与宁波泥塑非遗传承人合作，进行插花、剪纸、咖啡制作、口红、水果馒头、茶道的授课等。民宿与宁波图书馆合作开设了“江北流动图书馆”，不仅可以在这儿看书，还可以智能借还图书，将诗和远方的情怀带在身边。

闲暇之余，还能驾车前往慈城古镇，游览骢马河风情街、慈城古县衙、慈湖公园、慈城老街等景点。慈城著名特产当属年糕了，慈城年糕是上过央视的响亮品牌。有年糕片、糍粑、烤菜年糕、年糕饺等，在慈城可以品尝到各式各样的年糕吃法，是作为伴手礼馈赠亲朋好友的不二之选。家・春秋为远道而来的朋友精选了质优价廉的土特产大礼包，包含手工年糕、咸菜、手工年糕干、糍粑等。

2020 年 10 月 18 日，宁波家・春秋精品民宿正式加入金钥匙国际联盟，用金钥匙的品质服务好每一位宾客，是家・春秋一直以来追寻的目标，为宾客提供全面化、个性化和人性化的优质服务。民宿一直严格执行民宿卫生管理要求和规定，平时按照四星级以上宾馆的要求在执行。同时，客房大部分配置都是严格按照五星级宾馆的要求准备，所有布草均在五星级酒店清洗。民宿的餐饮非常具有半浦古村落特色，推出了半浦八大碗以及“神仙炖鸭”等特色菜肴，将浓厚的古村落文化以及家风、家训文化典故融入民宿经营的各个元素。民宿坚持进行员工培训，参加市区民宿管家培训班、金钥匙管家培训班、参加厨师大比武，以及做精做美富有红色主题的点心，为服务宾客打下坚实的服务基础。

民宿地址：

江北区慈城镇半浦村。

民宿周边景区、景点：

慈城孔庙、慈城校士馆、慈城古县衙、姚江古渡等。

民宿特产、美食：

慈城年糕、大米、自制米酒等。

家

集盒里美学民宿 

集盒里美学民宿，其前身是 20 世纪 80 年代宁波海洋学校的校舍。外观保留了当时独特的建筑风格，此类特色建筑在今日宁波市区已属罕见。在改造建设过程中,民宿精心保留了建筑外墙原始特色，以及其历经数十年风雨的痕迹和斑驳苔藓，展现出时间赋予建筑的沧桑韵味与独特魅力。在建筑外形上，集盒里民宿在众多新建仿传统建筑中脱颖而出。

在设计理念上，民宿深入融合了宁波本土的人文文化。建筑内饰大量采用原宁波老城区改造拆迁时的木板材料，经过巧妙设计与制作，焕发新生。做法与宁波博物馆采用宁波拆迁的老砖瓦，作为外墙主体材料有着异曲同工之妙。庭院内石砖、石墙和石板均来源于宁波鄞江金陆村旧农村改造时的石墙，重新组合搭建而成。大厅顶灯则创新性地采用宁波渔民老夏布工艺制作，这种夏布是宁波著名的非物质文化遗产。在装饰方面，民宿还使用了宁波著名黄古林席制作大师金一平老师手工制作的席面，并加入植物染色技术，既作为装饰也用于制作房间铭牌和提示语牌，进一步彰显宁波的本土人文特色。

集盒里民宿设有4个包厢餐厅，分别命名为“锦观”“晴月”“峰影”“圆拙”。其中“锦观”包厢拥有一整面落地窗，窗外是一方鱼塘，让人在品味美食的同时，也能欣赏到自然的美景。“晴月”“峰影”“圆拙”3个包厢则运用了移动隔断门设计，可根据用餐人数灵活调整空间布局。民宿的厨师拥有二十多年的烹饪经验，民宿主人也将其“风味人间”的餐饮理念融入菜单中，在确保食物地道正宗的同时，不断创新。

在疫情期间，分餐制再次受到重视。集盒里民宿率先倡导分餐之旅，从第二空间·饭否到慈舍第二空间·集盒里，成为城市高端健康餐饮的典范。这种分餐方式不仅为客人提供更健康养生的生活方式，还传递了具有仪式感的分餐饮食健康生活理念。

民宿地址：

鄞州区徐戎路临39号13幢110、111、112室。

民宿周边景区、景点：

老外滩、美术馆、宁波海洋公园等。

民宿特产、美食：

宁波菜、新疆菜等。

拙归园山庄

拙归园的创立，源自一个美丽的爱情故事。男主人是一个执行力很强但不善表达的人，不会甜言蜜语，更不懂浪漫为何物。他们刚结婚那会儿，年轻的女主人对丈夫不免有一些“责怪”，说一些重要的日子都没有收到过一束花，男主人随口说道，将来我会送你一个四季有花的院子。不经意的一句话，却是郑重的承诺。

男主人回到了他儿时的地方，开启了对祖屋的翻建。八载春风，桃李花开；八场秋雨，梧桐叶落；一砖一瓦、一草一木、一石一景，投入了他全部的心血，成就了眼下这座600平方米美丽的小院，一座以盆景和美食为特色的中式庭院。“开荒南野际，守拙归园田”，取名为“拙归园”。

拙归园位于浙江省宁波市横溪镇梅福村，群山环抱、竹影婆娑、交通便利。周边有许多旅游景点，从这里出发，到每个景点之间的车程一般不超过20分钟，是游客横溪镇短途游的首选之地。

男主人不善言辞，最喜欢的事就是在拙归园里默默打理盆景，一来二去也认识了许多热爱生活的美学好友。院里有近千盆珍稀盆景，遍布院中随处可见。

古往今来，美一直是一个庭院永恒的话题。拙归园的美，美在5

个方面：

一美于设施。这里共计7间房，配备高端酒店用品，让客户看着舒心、用着安心。

二美于环境。2楼、3楼是客房区，把1楼和4楼打造成了休闲身心的公共活动区，舍弃了一些民宿为追求客房数量的想法。

三美于梅酒。亲手采摘的梅子，搭上山涧清泉古法自酿的美酒，置于坛中，酿就客人赞不绝口的青梅酒。2023年民宿的青梅酒在第四届甬乡办民宿伴手礼展会中展出，俘获了不少朋友的味蕾，也在政府支持下拓展了新的销售领域。

四美于食桌。说的便是拙归园山庄内私房菜，不同于传统宁波菜，其多了一份精致摆盘，碰撞出拙归园独有的仪式感。

五美于酱肉，春有笋、夏有糍、秋有蟹。在每年年底，拙归园还有特色酱肉作为镇园伴手礼，非常畅销，是公司、朋友之间送礼的不二之选。

讲完了美，再来讲讲兴，这第一"兴"就是共富。拙归园是横溪镇首批加入"众横家·共富联盟"的商户，长期致力于"民宿+"的发展理念，探索出一条精品民宿、特色餐饮、田园体验活动相结合的发展之路，促进了周边农户的果蔬采摘、禽类养殖、自酿酒等，为村民带来了实实在在的实惠，对推动当地的乡村振兴、农民共富起到了积极的示范引领作用。此外，民宿内的厨师、保洁、产品制作、园林养护等员工均来自周边，为当地村民提供了就近就业机会和稳定收入来源。村中事事，何尝不是拙归之事。第二"兴"，兴在雅集。拙归园以宣传传统节日为契机多次承办雅集活动，如荷花宴、蔷薇宴、茶文化、酒文化等。在策划每次活动时，特别注重客人审美和娱乐方面精神需求。

所有过往，皆为序章。拙归园将秉持初心，积极响应党和国家的乡村振兴战略，推动民宿提质升级，在探索高品质服务客户、高质量带动村民共同富裕方面继续努力，力争成为民宿行业的排头兵。

民宿地址：

鄞州区横溪镇梅福村梅树湾。

民宿周边景区、景点：

粉黛乱子草、金峨禅寺、金山望海亭、朱金漆木雕艺术馆、浪漫东山等。

民宿特产、美食：

梅汁露、黄金土豆饼、臭鳜鱼、黑松露绣球菌、山珍土鸡汤等。

月白风清园

“与谁同坐？明月清风我”。北宋文豪苏轼笔下的庭院画卷，也是月白风清园民宿的真实写照。画卷里那一抹红韵秀丽、清雅精致的园林景色、那一点古秀儒雅的文人墨画、那一处丰盈乐活的百姓文化生活，将宋韵生活美学与艺术风雅交融调和，并在这里流动传承下去。

民宿主人是一位土生土长的宁波女孩，从美国酒店管理专业毕业后，放弃在国外继续深造的机会，回来谱写新的人生，和父母一起，打造了这个与客“共探美学人文、共享艺术生活”的宋韵园林空间。将宋韵文化与宁波本土文化相结合，主要由“琴、诗、书、画、宿、食、茶、聚”8 大功能构成。在空间打造及运营上，不仅融入中国古典宋式园林建筑元素，风格上更追求宋代建筑的布局随意、清雅柔逸、装饰精致。

建造月白风清园的初衷，是想打造一个像宋代流行建造园林式的住宅，呈现贴近古人生活的处所，把千年文化与现代生活舒适相融合的园林，使其更富文化活力，生活更多姿多彩，沉浸式地向公众传播宁波独特的地域文化和优秀的宋代风雅文化。

园子为三进庭院，一进是品茗讲学聚餐雅集场所，二进是住宅空间，三进则是客房区域，有5间客房和一个幽美静谧的小园林。房间为古典中式风格，挑高的屋檐、红木家具摆设、宋代字画点缀，让客友仿佛穿越回古人的生活之中。亭台楼阁、九曲回廊，曲径通幽处还能邂逅一个后花园，这里有各式各样的奇花异草、假山流水，月洞门下蜿蜒的鹅卵石路，行在其间，仿佛从诗画中走来。

艺术应是雅俗共赏的，孤芳自赏或居庙堂之高以及不来源于生活的都不会生动自然、生生不息。园子开设了品类繁多的国学讲堂、美学课程、禅修学堂，主要有古琴、书法、插花、茶道、冥想、中式瑜伽等课程，还有各种陶艺、扇艺、植物染布艺的体验活动，提供多种文化艺术的选择，得到了许多客人的喜爱和好评。

还设立了公益音乐课堂，召集乡镇上热爱音乐、喜欢唱歌的朋友，组建一支纯公益性质合唱团，取名为“清风合唱团”，使各项课程生动活泼，积极、热情，极大提升了继续发展公益事业的信心和坚持的动力。

浙江作为“宋韵文化传世工程”首发地，近年来在宋韵文化探究上做了许多实践。月白风清园在这条锦绣之路上跟紧步伐，不断开拓宋韵文化的认识视角，将宋韵文化传输到园林，传播到生活的各个角落。

月白风清园民宿作为新民宿时代的先行者、宋韵美学生活空间的开创者，矢志弘扬宁波当地文化和横溪镇古镇人文，带动周边区域经济，为宁波文化旅游的繁荣贡献出自己的力量。

民宿地址：

鄞州区横溪镇和东新村三区。

民宿周边景区、景点：

朱金漆木雕博物馆、金峨禅寺、东钱湖旅游风景区、风车公路、亭溪岭古道等。

民宿特产、美食：

黄牛肉、笋、灰汁团、米馒头、年糕等。

冬生夏长·勤勇民宿

“群山中的一束光”，第一眼看到这家民宿，就被它群山环抱，云升涧流的环境所吸引。民宿最特别的是民宿前身为一所小学——勤勇小学，它和勤勇村共同建于1978年，古朴粗砺的石头建筑里，载满了村里几代人的回忆。

“山不向我走来，我便向山走去”。2023年开始运营这家民宿，在保留原有设计情况下，对部分基础设施做了升级，教室被改造成22间客房，最大限度地保留了石头建筑外观，也保留了校舍原有格局，包括小学的门厅、教室黑板和班级门牌等，并且依然采用几年级几班的方式给客房命名。因为勤勇民宿本身的建筑美学，采用了尊重时间痕迹、尊重那个年代的建筑手法，所以仅需通过基础设施升级和运营层面调整以发挥它的美学感受。将原来荒芜的后山开发出草坪与景观，更换了精细的水过滤系统；将民宿唯一的行车碎石泥土路修建为水泥路和石子路；将原有的菜地改成可坐、可逛的花园休闲区；将草坪和民宿主通道铺设花草和花径；将整个民宿的照明情况改善，对较为幽暗的光线补充了路灯、氛围灯和一些点状光源等；耗费心力将原有的布草间改造成阅览室，作为公共区域提供给客人使用。

在经营方面，尽可能让这里的配套设施完善，包括保重餐厅和咖啡厅梦骑士，让每一位游客都能够找到舒服的方式。有的客人在店里过夜和用餐，也有人小坐一阵，但相信每个人的感受是一样的，勤勇民宿是一个很舒服、很安静的空间，气质悠远，无需言语，自是绝佳的放空处。

有太阳的时候，树影婆娑，光线透过树叶间隙洒落在院子里；雨天时竹林摇曳，山中会起雾，置身其中宛如仙境。或许这与附近两座千年禅宗古刹相关，独特的气质在整个宁波都是独一无二的。

既可开门见山、又可观星揽日；村舍炊烟袅袅、山间霞雾相映。勤勇的故事只写了序章，未来希望它成为越来越多人美好生活中的宝贵段落。

民宿地址：

鄞州区东吴镇勤勇村520号。

民宿周边景区、景点：

弥陀禅寺、天童寺等。

民宿特产、美食：

爆炒黄牛肉、牛肉炒年糕、双椒风味牛蛙、独家风味茄子、秋葵蛏子等。

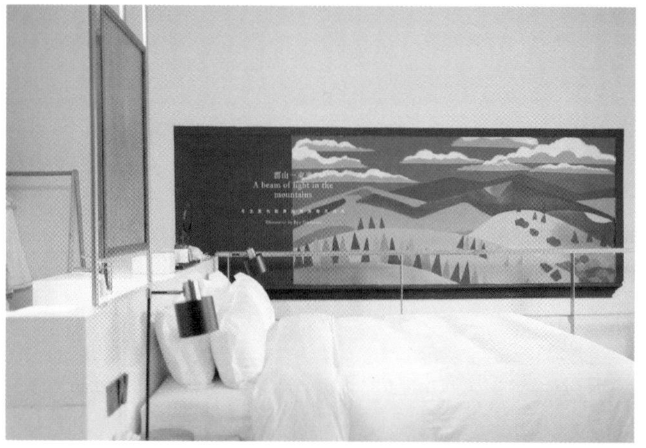
A beam of light in the
mountains

枣香院

在宁波瞻岐古镇南一村，有一家名为“枣香院”的客栈。她努力创造这样一种环境：使你不仅能居住在青山掩映之间，愉悦自在地聆听内心自白，还能充分体验这里的乡村美味、西点烘焙、传统酿酒、野外采摘，并通过周边户外等最纯粹的方式感受空间之美、生活之乐趣。

“枣香院”因院中一棵枣树而命名，每当枣树开花结果时，庭院内香气萦绕、芬芳四溢。客栈的女主人“四奶奶”是瞻岐本地人，多才多艺，十八般武艺样样精通。上墙爬屋、挑土扛木，亲力亲为将自己的乡下旧居，一番精心修整改造，栽种下许多花木蔬果，打造出了一个极富生活情趣的乡间院落，供人们休憩赏景，在寻常朴实之间传达出一种扣人心弦的生活哲学、一种内在的心灵追求。

在“枣香院”，视野开阔的露天茶座深受访客喜爱。每当夕阳西沉，三五茶客聚集，或静静发呆，享受片刻放空；或欢声畅饮，谈笑间忘却过往的一切烦恼。

来到这里，可以到明朗清新的阳光房，赴一个轻松慵懒的“coffee time”之约。“四奶奶”有一双巧手，能精心烘焙甜点饼干、制作一杯地道的拉花咖啡。在这里待上一会儿，听觉、嗅觉和味觉都能收获满满的愉悦。充足的阳光、浓郁的咖啡、甜蜜的西点，是属于冬日里的幸福浪漫。枣香院会不定时地开设烘焙、厨艺小课堂，与到来的爱好者分享生活的乐趣。

“四奶奶”对“田园生活”情有独钟，在她的“百果园”里，栽种了许多品种的果树和农作物。各个特定时节，人们都能在这里采摘到新鲜的果蔬，丰富多样的绿色收获煞是惹人喜爱。

自然为伴，花木为邻。“四奶奶”用这样的方式表达着对大自然的敬意与珍视，她也希望每一位到访的客人能在这里结交更多的朋友、回归质朴的过旧时光、享受生活给自己带来的各种快乐。

瞻岐古镇依山傍海，位于鄞州东部，与北仑相接，一水之隔与象山贤庠岑晁相望。枣香院前有小溪穿镇而过，后有盘山路上山涧古道延至远方；千年古寺晨钟暮鼓，梵音缭绕、香火四季；高山茶园千垅、山泉水库云雾笼罩，好水煮茶，品茗独具沁人心脾的芳香。古镇周边二十里内，有景色宜人的东海梅山湾、万人大沙滩、国际赛车场、春晓新城、游艇码头、洋山渔家风情海岸线、象山港跨海大桥、东钱湖国家级旅游度假区、千年古刹天童禅寺等。瞻岐古镇地理位置优越，人文荟萃、物产丰富，境内有赏不完的风景、吃不遍的美食，更具特色的海鲜百味，让人流连忘返，欲罢不能。

枣香院是古老小镇上民宿客栈中的一处瑰宝，更因为“四奶奶”丽人才艺、风情万种而成为一道靓丽的风景！

欢迎来这里做客，枣香院和“四奶奶”时刻准备着。

民宿地址：
鄞州区瞻岐镇南一村庙东园小区 167 号 -1。

民宿周边景区、景点：
东海梅山湾、万人大沙滩、国际赛车场、春晓新城、游艇码头等。

民宿特产、美食：
西点、面点、腌制小海鲜等。

小隐慈城·十八花房

小隐慈城·十八花房，位于慈城镇太阳殿路66号，是由一座青砖灰瓦、古朴简雅的老宅修葺而成。东临老县衙、北靠孔庙、西依甲地世家，透出一股独特的书香魅力。

十八花房为一进三院的古院落布局。“一进”为公共区域，另外3个院落错落分布，分别命名为“紫蘭·雅苑”“清竹·叠居”“香橼·小筑”。整个民宿空间由“餐——膳前书（食养厨房）；茶——庭前茗（茶空间）；宿——紫兰雅苑、青竹叠居、香橼小筑；礼——文创好礼；聚——美学雅集活动”5大功能区构成。

十八花房在设计时，以原建筑为依托，保留了檐角、石墙、木门框等旧物，又大面积使用落地玻璃，将庭院景物自然地融入空间，新旧碰撞、叠造共生，显得既古朴典雅又通透时尚，配以园林布景、中国书法、插花盆栽等元素，使得整个空间洋溢着浓郁的人文气息。

十八花房共拥有15间客房，房间的每一个细节、每一处设计都从入住者的居住体验出发，从创造幸福感的体验出发，让人安然静享却又意趣横生。在这个静雅的院落空间里，随处安放着各种植物花草，把四时搬进这个院子里，春花秋枝、夏荷冬柏。在这里，可私享、可小聚、可品茗、可禅静。在这个拥有茶、树、花、香的院子里欢迎远道而来的朋友们，一起在十八花房看白墙灰瓦落玉兰、看莺草长春时景；在赏花品茗之中，体验慢下来的时光与生活。

十八花房于2023年被评选为浙江省“金宿”，它不仅仅是一间古镇民宿，而是对“慢下来、在一起、美生活”之理想生活的探寻；致力于打造一个温暖的“家”，让每一位客人都感受“回家”的温暖、感受这里的轻松与惬意。来到花房，静看时光旖旎着一曲花开花落，一起倾听花房的故事，这故事折射出江南古城的韵味，映衬着人们的生活正向着“慢下来、在一起、美生活”缓缓而行。

民宿地址：

江北区慈城镇太阳殿路66号。

民宿周边景区、景点：

慈城古镇等。

民宿特产、美食：

手工年糕、纯手工年糕干等。

宁波宋庭国风民宿 

宋庭，位于慈城一条名为民权路的步行街上。街道两旁，一片商铺，他们有木匠、皮具匠、布艺匠、画匠，有做糕点的、卖饮品的、卖小吃的、贩文创的，几条幽深的小巷或接绿野，或拥高墙。

步行街南北贯通古城，是慈城古城人文体验的重要线路，是串联孔庙、古县衙、校士馆（考棚）、慈湖及相关人文资源的核心街区。

宋庭坐落其间，有茶咖铺 1 间、猫咖 1 间、茶寮 1 间、活动会议室 1 间、客房 3 间等。

沿街的茶咖铺设有汉榻 3 间，在这里可以泡一壶茶，也可以喝一杯清凉的饮品，或是吃一份手工制作的抹茶糕点，唇齿留香。

通过一道长八角形的格栅门，六只活泼可爱的猫咪在猫苑小洞天内或躺或玩。此处空间将园林景观虚实互映和壶中天地的理念引入室内设计中，在此空间内，人也一样可坐、可立、可行、可躺。

打开通往后苑的门，一座小桥横跨水池，围绕水池三面的是集合空间“闲来”“茶寮”“坐酌水榭”，以及三间朝代特色各异的国风客房。

春日午后，步入宋庭檐下，身着汉服的管家出门相迎，道一句

“娘子，春祺”，带您移步内院。步移景异，一派芳草池塘的庭院跃入眼帘。在您信步“闲来”欣赏汉服首饰的同时，管家已办好入住手续；待您放好行李，管家请您挑选自己喜欢的汉服，并指导试穿、为您梳妆。庭侧茶舍，点茶抑或打香，用具一应俱全，也可画扇乞巧，体验宋代女眷居于家中所行之趣事。一卷食单，上书饮品与糕点；临街的猫咖内，软萌的猫咪从你脚畔走过，仿佛步入了一幅《韩熙载夜宴图》内，在这个“玩”的空间内，可游可躺可坐，可与猫咪互动、拍照。于傍晚时分，漫步风光秀丽的慈湖畔，在华灯初上时，步入灯火璀璨的步行街内。

民宿地址：

江北区慈城镇民权路207号。

民宿周边景区、景点：

慈城孔庙、慈城校士馆、慈城古县衙、冯岳彩绘台门等。

民宿特产、美食：

手工年糕、纯手工年糕干等。

聚宽书院

黛瓦青墙，街巷悠长。“聚宽书院”民宿位于中国慈孝文化之乡、国家 4A 级旅游景区慈城古县城，太湖路 35 号“翰林第”。书院距离宁波市中心 15 公里，背靠全国重点文物保护级别的古建筑群，傍城依山，一面临江，出则繁华，入则宁静。修缮过程中，书院经营者不打破四合院格局，收集慈城同时期古民居建筑材料，以旧补旧，整体风格深沉而内敛，续载了老宅数百年的文化与记忆。书院占地面积近 3000 平方米，建筑面积 1400 平方米左右，共 8 个大小不等的庭院，对外运营的共有 13 间精品民宿、8 个文化空间、2 个餐饮包厢。2022 年聚宽书院被评选为浙江省首批“银宿”，2023 年入选为宁波市唯一一家“浙江省文化主题民宿”。

● 书院缘起

聚宽书院的发起人出生于宁波书香世家，父亲是当地受人尊敬的教师，他从小耳濡目染，深谙教育化人之道。多年以来，院长始终保持“修己达人、兼济天下”的人生态度，经营自己的企业之余，还在全国各地公益讲国学，积极以公益助学、捐献公路等方式回馈社会，目前已经在西南、西北贫困山区捐修了 5 条公路。初入社会时，院长与五位好友发起创办了“天行书友会”，这是宁波首个民间书友会，运营至今已近三十年。事业有成后，院长发起了一个公益户外徒步登山组织“素书千千行”，带队登顶 3 座雪山，完成 2 次远距离徒步。2021 年院长带领其他企业家从宁波聚宽书院走到了广东南华寺（1500 公里）。读万卷书，行万里路。在多年的创业、讲学与修行过程中，院长决定寻一处地方建一个书院，与一群志同道合的人一起学习生活，宣传弘扬中国传统文化和古代文人的生活方式及态度，他选中了底蕴深厚、人杰地灵的千年古城慈城，于是有了现在的“聚宽书院”。“聚宽”，取自《易经》乾卦的爻辞，寄托了院长对书院的美好期望:“君子学以聚之，问以辩之，宽以居之，仁以行之。”

● 走进书院

聚宽书院圈出一方私密的土地，收进一片澄澈的天空，减去逼仄，消弭纷扰。漫步书院中，细微之处皆有学问。院长亲自为书院每个房间取名，四合院和中堂被命名为“淳风”，二字取自《道德经》，意为质朴敦厚的风气。聚宽书院的书画作品也是根据《易经》的讲究设计安排，请慈城书画家协会会长花了近一年的时间逐一画就。四合院的墙上留存的壁画距今已经有 400 多年，其上的仕女和鹿惟妙惟肖。聚宽书院为入住和拜访的客人设置了公共文化体验区，讲堂和茶室里都摆放了书画古籍，四合院内准备了围棋、象棋、蹴鞠、投壶，还有各种传统文化体验项目。在这里既可享受宁静舒适的住宿环境，又能体验古典雅致的文人生活。传统文化元素已融入“聚宽书院”民宿经营的方方面面。“聚宽书院”民宿有舒展通透的标房和大床房、也有唐宋风的榻榻米、独立幽静的庭院房。客房陈设考究复古，配套设施和洗漱用品低调雅致，家具及装饰采用高档实木，配备 84 支纯裸棉床上用品，西班牙皇家专用品牌洗浴用品等，还有芙丝天然矿泉水、茶叶茶具、抄诗静心的墨宝。全景玻璃窗搭配白色纱幔，谱出光影的舒缓乐章，沉静柔和，安逸好眠。在服务品质和管理方面，聚宽书院坚持“客户至上”，书院员工会根据客户不同的需求作灵活调整，让客人感受到家的温暖。

无论是追求身体须臾的放松，或是寻找心灵长期的归属，抑或只是探索一方未知的天地，当我们来到千年古城慈城，聚宽书院总是一个好去处，为入住和拜访她的友人们带来清净与祥和。书院常年开展国学讲堂、修心十雅、传统文化活动体验。疫情期间仍组织了 21 场公益课程和公益文化活动，免费对社会广大群体开放，未来也将成为结交天南海北、更多志同道合的朋友的链接平台。

民宿地址：

江北区慈城镇太湖路 35 号。

民宿周边景区、景点：

慈城孔庙、慈城校士馆、慈城古县衙、冯岳彩绘台门等。

民宿特产、美食：

招牌花雕状元鸡、笋夫菜烧原生态河鳗、边笋毛豆煮野生河虾、豉油秋葵长街蛏子、老坛酸菜泉水牛腱等。

构城·安屿人文民宿

构城·安屿人文民宿位于宁波市江北区洪塘街道安山村中，地处宁波市十大城郊公园之一的艺创安山核心区块，距离市中心三江口仅 16 公里，25 分钟车程。区域内自然景观与人文底蕴交织，东接江南最古老的北宋木构建筑保国寺，可受文化熏陶；西连城市后花园荪湖花海及水库、古镇慈城，可悠游怀古；北靠百里北山游步道，可登高望远；南有慈江支流、田园综合体，可泛舟垂钓、田园劳作。

构城·安屿人文民宿所在的构城·安山人文聚落，是距离市区最近的集工作、生活一体化乡野人文社区，占地面积近 1 万平方米，建筑面积逾 5000 平方米，由高度 5~7 米的人字坡老厂房改造而来，力图在距离城市最近、鸡犬之声相闻的山水田园，打造一种新的社群生活方式。随着各类设计工作室、画室、花艺教室入驻，聚落的业态愈见丰富，成为设计、艺术专业力量集聚的人文社区。

构城·安屿人文民宿是构城文化旗下设计师民宿品牌。构城文化合伙人、民宿主人是一位毕业于浙江大学的建筑设计师。建筑设计之外，她对生活美学、文化艺术有着深深的热爱。在工作十几年后，投身乡建，和团队伙伴一起打造了“构城·安山人文聚落”这个充满理想主义色彩的人文社区和首家入驻该社区的以“乡野疗愈，人文安屿”为主题的构城·安屿人文民宿，力图通过空间场景营造建立民宿的第一吸引力，结合各种文化活动、艺术设计展览等真正丰富民宿的精神内核，传播文化艺术之美。

目前一期客房区有5间创意套房，均为一房一院 loft 房型，房间面积达 80~100 平方米 / 间，自然与人文相互关照，或宿于树下或卧于水边，或围炉夜话，根据房间特色分别命名为“念山”“沐雨”“探桥”“遇泉”“围炉”等，蕴含独特的空间艺术。二期5间升级版创意套房已完成建设，并于 2021 年 1 月初面向公众开放。

当初采用“安屿”这个名称，民宿主人觉得安屿即是“安山与”，既然选择了这个地方，就应该与安山发生更多的故事，也让安山与他人、与社会、与乡村振兴等发生更多的链接，为这个村庄增添更多的意蕴。

在民宿主人看来，“构城·安屿人文民宿”落脚安山村核心区域，体量庞大。与其遗世独立不如真正融入乡村，做个新村民，她开辟了两进三院 700 多平方米的超大公区，起名“安屿客厅”，涵盖咖啡厅、人文教室、多功能厅、自制土窑、共享餐厅、亲子农田等功能，承载了人文活动策划、组织、社群服务等职能，将各种人文艺术传递给村民、游客，也成为安山村接待客人的公共客厅。

本着对生活美学、传统手艺的热爱，在民宿的日常活动中引进了手绘草帽、灯笼制作、传统木筷制作、手制艾草包等传统活动，也不定期穿插香道体验、花艺体验、禅茶瑜伽、宋式点茶等特色文化沙龙，使客人在时尚的空间中体悟传统文化之美。

民宿联合自有公益文化社团“山海经”定期举办各种传统文化公益讲座，如“清代科举制度”“家谱文化”“月湖历史”“文人木器”“古琴琴弹”等传统文化讲座，这些讲座除了对民宿客人开放以外，也对村民和来到安山的游客开放。

民宿地址：

江北区洪塘街道鞍山村中房 69 号。

民宿周边景区、景点：

保国寺、荪湖花海、荪湖水库、北山游步道、安山湿地公园等。

民宿特产、美食：

慈城年糕等。

慈舍美学民宿

“慈舍”位于宁波市慈城古城之东、慈湖之畔、太湖古巷中。慈城系江南地区保存最完整的千年古县城，中国优秀建筑文化遗产名镇和旅游目的地。“慈舍”原身是民国时上海服装大亨任士刚故居，一座民国时期的三进式老宅，石砌房基、木窗木门、白墙黑瓦。

对它的改造，去掉了繁浮的修饰性语言，于冷水瑟尘中增强时间的肌理，在细节处思索人的舒适度。席地品茶，透过落地玻璃，映入阳光风雨，光阴变迁。经过了东方美学精心而古朴的设计改造，设客房九间，包含两间花园洋房、一间茶居套房。每个房间设计都秉承“慈悲喜舍”文化主题的精神理念，古朴、极简。老木搭建的家具、草木灰粉刷的墙、棉麻竹席的点缀，留白之处无声胜有声。行宋式极简之美学，布无事之美，留无声之胜，如画、如幻、如穿越，融入了现代生活，也拥抱着美好的传统。

“慈舍”自创建之初就有明确的运营定位，即“禅、茶、宿、物、聚”。所以除传统住宿，“慈舍”更通过在活动、文创等方面的积极开展，于传统文化、汉服文化、禅修文化等方面与慈城古县城的发展相呼应，一起成长。该民宿有个性化服务，主人特质文化，同时也建立了不低星级酒店的各类标准，例如服务标准、安全标准、卫生标准、硬件配置标准、预订流程标准及“慈舍”家人手册（员工制度）等。另外，它注重品牌包装及宣传推广，运营有自己的公众号。品牌标准化管理更为规范，服务更加优质，降低民宿的安全隐患。

“慈舍”所能提供给大家的当然并不仅仅只是一间“宿”的所在，更贩卖一种东方的生活方式，有雅铺一间、咖吧一间、禅堂一间、客房九间，在“宿”与“聚”的空间中，贯彻“禅”“茶”“物”的美学精神。宋时有四事，焚香点茶、挂画插花，除却于此，禅坐冥想，张弓揽月。至“慈舍”，以行修来改变生活，用文化来放慢脚步。

民宿地址：

江北区慈城古镇太湖路 67 号。

民宿周边景区、景点：

古县衙、校史馆、孔庙、冯俞宅、保国寺等。

民宿特产、美食：

毛力蜜橘、毛岙山笋、慈城年糕等。

慈栖里客栈

民宿位于宁波江北区，隐秘于古城与弄堂间，来到这，便有“巷尾街头又一宿”之感，“一间民宿，就是一个小世界”，主人希望在这里拉近与这座城市的距离，一起分享故事，享受宁静、热情、亲切、关怀。脱去繁华外表，藏于质朴的情愫，裸露的砖墙浑然天成，每一栋设计都独具匠心，勾勒出江南生活最完美的样子；溢满平淡生活气息的住屋，让人一见倾心。品一杯绿茶，或饮一杯香醇咖啡，放慢脚步，感受生活之美，情景雅致。民宿主人希望客栈“出则繁华，入则宁静”，入住的人都能时光浓淡相宜，人心远近相安，在这里放下一切，感受自然的魅力。所以民宿主人越过重重困难，将心中的理想与现实生活结合，打造了浪漫的花园庭院。庭院每一处都由她精心设计，无论是房间里的装饰还是院里的布置，都赋予了庭院品位与格调，与窗外古镇完美相互映衬，让休闲与浪漫、品质与幽雅，与环境融为一体。

民宿有客房 39 间，满足小型团建入住及活动。客栈处于古镇景区内，距离县衙及孔庙步行 3 分钟就到，距离民权路小吃步行街步行 2 到 3 分钟即可，伴手礼为慈城特色季节糕点。

民宿地址：

江北区慈城镇解放路209号。

民宿周边景区、景点：

保国寺、苏湖花海、苏湖水库、北山游步道、安山湿地公园等。

民宿特产、美食：

慈城年糕等。

念兮·勿舍

在江南烟雨中，隐藏着一座古色古香的慈城古镇，这里青石板路蜿蜒曲折，古宅古巷交织成一幅流动的画卷。在这片画卷之中，有一处民宿，名为念兮·勿舍，散发着古里古气的韵味，让人仿佛穿越回了一个悠闲雅致的古代。这片古镇，让人痴迷于古代生活的雅致与悠闲。民宿主将这座古老宅院打造成了一处充满古韵的民宿，希望让每一位来访的客人都能体验到那份在古县城里慢节奏、雅致的生活。

走进念兮·勿舍，仿佛踏入了一个与世隔绝的古代世界。庭院里，枝叶繁茂，遮挡住炎炎烈日，带来一丝丝清凉。院中的石桌石凳上，摆放着精致的茶具，可以和友人一同品茶聊天，享受那份悠闲时光。

白天，可以在庭院中漫步，欣赏古宅古巷美景；或者坐在石凳上，品茶读书，享受那份悠闲时光。听听古镇传奇故事，更深入地了解这片土地的历史与文化。出门便是古街道，充满了历史的厚重与文化的韵味。步行约几分钟，便可来到那古老的县衙，县衙建筑风格古朴典雅，每一处都透露出古人的智慧与勤劳。漫步在古县衙庭院中，仿佛能听到历史的回声，感受到那份来自古代的庄严与肃穆。除了古县衙，民宿旁边慈湖也是古城的一大名胜，湖水清澈、波光粼粼，湖畔的杨柳依依、花香袭人。在湖边漫步或是湖中泛舟，都是那么令人心旷神怡。每当夜幕降临，湖边灯光亮起，更是将古城夜晚装点得如梦如幻。

当然，来到慈城，还有一样美食是绝对不能错过的，就是慈城年糕。慈城年糕以其独特口感和制作工艺而闻名遐迩。在古城的小巷里，随处可见售卖年糕的小摊。那些热气腾腾、口感软糯的年糕，无论是煎、炸、煮、炒，都能展现出不同的美味。

这里，每一位游客都可以放慢脚步，静下心来感受古城韵味。无论是漫步在古街巷弄，还是坐在湖边欣赏风景，都能让人忘却城市的喧嚣与压力，沉浸在这份宁静与美好中。

民宿地址：

江北区慈城镇民权路345号。

民宿周边景区、景点：

慈城县衙、更登台、清道馆、保国寺等。

民宿特产、美食：

慈城年糕、纯手工年糕干等。

勿舍·美宿 

在喧嚣都市中，每个人都渴望找到一片属于自己的宁静之地。今天，就让我带你走进这样一个地方，于乡野间，近有溪、远有山，一切都是刚刚好。

美好的故事总是从邂逅开始。阳光明媚的春日，沿着蜿蜒的乡村小路，不经意间就到了隐藏在盎然绿意中的民宿。一眼看去它简洁从容，每个细节都透露出简约不失精致，从容不失端庄。没有烦琐的装饰，没有过多的色彩，以简洁为主却不失品位。这种简约风格让人感到一种轻松自在，仿佛可以放下所有烦恼，享受片刻宁静。

房间内宽敞明亮，落地窗将室外的美景尽收眼底。当夜幕降临，躺在柔软的床上透过窗户仰望星空，心中是对大自然的敬畏与感激。在这里，时间仿佛放慢了脚步。清晨，当第一缕阳光洒进房间，走到阳台上，呼吸着新鲜的空气，欣赏着远处的山峦。山影重重，仿佛一幅水墨画，让人流连忘返。

白天，在乡野间漫步，感受大自然的恩赐。无论是漫步茶园里，还是穿梭在翠绿的竹林中，抑或是沿着溪边小路，都能感受到一种久违的宁静与自由。店里的人会热情地介绍这片土地的故事，加深对乡土的了解和风土人情的认识。

毛力水库碧波荡漾，湖面如镜，湖边景色美不胜收。骑行在湖畔小道上，可以感受到微风拂面的惬意，也可以欣赏到湖光山色的美丽。附近有登山步道，为喜欢登山的游客提供了绝佳去处。这些步道穿越山林，沿途风景如画，有竹林、有茶园等。无论是独自攀登，还是与家人朋友一同前行，都能找到属于自己的乐趣和挑战。

傍晚时分，坐在民宿的露台上，品着一杯当地香茗，欣赏着落日余晖下的美景。远处山峦在夕阳映照下显得格外美丽，近处的小溪泛起了金色波光。这一刻，仿佛置身于一个世外桃源，心中充满了宁静与满足。

除了美景，美食也是一大亮点。农家菜，有在竹林里手挖的笋、有刚采下的香椿等，都是当地新鲜的食材，口感鲜美，让人回味无穷。在品尝美食同时，还可以和大家交流心得，感受乡村生活的淳朴与美好。

在这里，可以度过一个又一个美好时光。当离开时，心中又有不舍与留恋。这片乡野之间的民宿，是寻找宁静与自由的地方。

如今，越来越多的人开始追求一种回归自然、远离喧嚣的生活方式。而勿舍·美宿，正是这样一个理想之地。位于乡野之间，近有溪、远有山，让人在享受大自然美景的同时，也能感受到乡村生活的淳朴与美好。

在这里，可以放下城市的喧嚣与繁忙，静心感受大自然的恩赐；可以与亲朋好友共度美好时光，留下难忘的回忆；也可以在这里寻找内心的平静与力量，重新出发，迎接更美好的未来。如果厌倦了城市喧嚣与繁忙，渴望寻找一片属于自己的宁静之地，那么不妨来勿舍·美宿走一走、看一看。相信在这里，总会找到那份久违的宁静与自由，也会找到属于自己的故事与回忆。

勿舍·民宿，不仅仅是一个住宿的地方，更是一个让人心灵得到滋养与疗愈的地方。在这里，可以与大自然亲密接触，感受它的包容与温暖；可以与主人及其他客人交流心得，分享彼此的故事与经历；也可以在这里听到自己内心的声音，找到真正属于自己的生活方式。

生活不应该只有忙碌与奔波，更应该有诗和远方。这里就是那个可以让你找到诗和远方的地方。不妨给自己一个机会，来体验一段不一样的乡村生活吧！相信在这里，你会收获一份难忘的回忆与感动。

勿舍·美宿位于乡愁归处——毛岙村。有15间客房，设计皆以轻奢简约为主，是整个毛岙生态村的一抹清新。

民宿地址：
江北区慈城镇毛岙村方家。

民宿周边景区、景点：
慈城、保国寺等。

民宿特产、美食：
毛笋干、毛岙白茶、杨梅、橘子等。

甬浩轩民宿

甬浩轩集民宿和私房菜于一体，蕴含深厚的东方传统文化。隐于慈城古县城最热闹的步行街，占有优越的地理位置、步行到达古镇各景点均不会超过 10 分钟。虽处闹市，民宿内院却是一派安静祥和。

民宿主人自 1997 年开始在宁波鄞州自主创业，开设第一家属于自己的饭店——国燕饭店，即甬浩轩前身。

2013 年回家乡慈城创业，在 2019 年成立酒店管理公司，经营民宿及私房菜会所。民宿主人亲自带领团队参与设计，保留古建筑美感，围绕四合院而建，院中打造一处微型苏式园林，呈现天地方圆的风水景色。花园种植各式四季鲜花与绿植，四时展现不同景。共有客房 12 间，以宋韵八雅为主题打造“琴、棋、书、画、诗、酒、花、茶”特色主题房间。配置了茶室、古琴、围棋、笔墨纸砚等，风格上凸显东方韵味又兼具家居雅趣，即使足不出户也不会觉得无聊。精细的设计布置使每一处尽可追溯其历史和文化。甬浩轩不仅仅是一个民宿，更像一座小型收藏馆。民宿自主经营私房菜会所，独立包厢 5 间，以宁波本帮菜为主；多功能活动室 2 间，可承接小型团建活动、宴会包桌等。同时,为弘扬慈城“状元之乡”和“慈孝之乡”美名，打造了状元阁和慈孝阁两间套房。

在慈城，甬浩轩也是爱心商户的代表，每年都会组织员工积极到敬老院、环卫所等地献爱心。2022 年注册成立甬浩公益服务发展中心，以“乐善有恒，大爱无疆”的理念进一步开展慈善宣传、公益活动和志愿服务活动等。同年 5 月，制作 400 份慈城年糕，跨越千里给淄博人民回礼，让慈城年糕在淄博“出圈”。在热心公益的同时，私房菜本着初心，传承延续“妈妈的味道”，于 2022 年成立甬慈食品公司，进一步将民宿食品伴手礼和慈城的文化溯源相结合。所采用的瓜果蔬菜及乡村放养的鸡鸭，都是员工亲自前往慈城乡村挑选，做成熟食。民宿带动了乡村经济发展，帮扶当地农副产品销售。坚持以“绿色、环保、不添加人工防腐剂”作为厨师团队不断创新研制产品的原则，收获了很多忠实食客的赞誉。

民宿地址:

江北区慈城镇民权路 185 号。

民宿周边景区、景点:

慈湖、达人谷、毛岙村、清道观、南联村等。

民宿特产、美食:

杨梅酒、海鸭蛋、年糕、米月饼等。

素心别院民宿

在宁波江北繁华城市的喧嚣之外，隐藏着一个江南古街里的别院——素心别院。它坐落在慈城古县城中，整个别院以唐代建筑风格建造，雍容大气又不失诗情画意。素心别院于 2017 年 10 月 1 日开业，2018 年被评为“五叶”级民宿，2019 年被评为宁波“十大口碑民宿”，2021 年被评为民宿“最佳运营”奖。民宿建筑面积 2800 平方米，位于江南第一古县城（慈城古县城，国家 4A 级旅游景区），是江南地区保存最完整的千年古县城，有中国文化名镇、中国慈孝文化之乡之美称。慈城钟灵毓秀，山水相映成趣，独特的区位布局构成“九龙戏珠、四灵围合”朴素形态，周边江河湖溪造就“四水归堂”水系格局，城区穹隆起顶，街衢鲲龟成形，生态环境十分清幽秀丽，集中体现了古人追求“天人合一、人杰地灵”的美好愿望。

素心别院古色古香，是一个缩小版的江南园林，一步一景，是一家以高端度假休闲、亲子度假为主题的民宿。拥有豪华亲子双床房、温馨家庭房、豪华套房、独栋别墅、浪漫大床房和轻奢双床房等房型，极尽不同。一年四季都有其独特的韵味，配套设施齐全，客房内部采用“木质架构”，冬有德国博士地暖，夏有美国特灵水空调；床垫采用美国品牌，是一款根据人体骨骼设计的床垫，可消除您一身的疲劳；科勒智能卫浴、宽敞私人的健身房、超大的网红泳池、清香四溢的茶室、儿童乐园、多功能厅、LED 大屏幕多功能厅、会议室、露天烧烤场地、宁波菜系的餐厅等，是团建、培训、家庭聚会、生日宴、满月宴、年会的理想选择之所；是供大家休闲娱乐的好去处。素心别院用最美的景观视角给予游客完美体验，让游客真正从心灵上放松心情，体验最有性价比的民宿！

民宿主人是一名有着 20 年建筑从业经验的专业人士，有一颗对建筑热爱的心，引进了最先进的设备设施，打造宁静庭院、喜好田园生活场所，同时又有着对民宿的热爱、对住宿品质的极高要求，素心别院坚持以“做好每一件小事，用心服务”的理念以飨每一位来客。

住在素心别院，早晨鸟语花香伴你苏醒，午时竹声风吟、一丝一缕，让在异乡的客人感受到心灵的安静和温暖！

民宿地址：

江北区慈城镇走马街 16 号。

民宿周边景区、景点：

慈城古县城、孔庙、县衙、清道馆、校士馆等。

民宿特产、美食：

慈城年糕、梭子蟹炒年糕等。

素心别院

乡遇·老樟树民宿

乡遇·老樟树民宿部落位于风景如画的宁波市江北区鞍山村，是一处将乡村美学与现代舒适完美融合的民宿。民宿部落拥有一支由 20 人组成的热情团队，其中女性员工占团队成员的大部分，她们用女性的细腻与温暖，为每一位到访的客人带来宾至如归的体验。

民宿的设计灵感来源于乡村的自然风光和本土文化，每一个细节都透露出对乡村生活的热爱与尊重。从外观上看，民宿与周围的自然环境和谐共存，宛如一座乡村的宝藏。步入民宿，温馨的装修风格、精致的家居摆设和舒适的住宿环境，让人瞬间忘却城市的喧嚣，沉浸于乡村的宁静与美好。

民宿部落不仅提供高品质的住宿服务，更是一个集休闲、娱乐、文化体验于一体的乡村综合体。在这里，游客可以参与各种乡村活动，如赏花、采摘、制作手工艺品等，体验地道的乡村生活。民宿还定期组织文化讲座、艺术展览等活动，让游客在享受乡村美景的同时，也能感受到乡村文化的魅力。

乡遇·老樟树民宿部落致力于推动乡村经济的振兴与发展。民宿与当地的农户合作，采购优质的农副产品作为餐饮食材，为游客提供地道的乡村美食。同时，民宿还积极推广当地的特色农产品，帮助农户拓宽销售渠道，提高经济效益。在 2020 年疫情初期，民宿团队更是积极投入农产品销售中，不仅自救成功，还帮助了周边农户共同渡过难关。

除了经济效益的提升，民宿还积极参与乡村环境的美化和文化传承。民宿团队组织志愿者对周边的乡村环境进行清理和维护，保持乡村的整洁与美丽。同时，民宿还邀请当地的艺术家和手工艺人前来传授技艺，让游客在体验乡村生活的同时，也能感受到乡村文化的独特魅力。

总之，乡遇·老樟树民宿部落以其独特的乡村美学、丰富的文化体验和积极的乡村振兴行动，成为宁波市乃至全国范围内乡村民宿的典范。这里不仅是一个住宿的地方，更是一个让人心灵得到放松和滋养的地方。

民宿地址：

江北区保国寺上房前赵 13 号楼。

民宿周边景区、景点：

慈城古县城、孔庙、县衙、保国寺等。

民宿特产、美食：

毛力蜜橘、毛岙山笋、慈城年糕等。

慈溪兰墅民宿

宁波十大最文艺民宿之一的慈溪兰墅民宿，坐落于富饶却不张扬、小众却极富特色的宁波慈溪千年古村方家河头村。沿着古村青石板路往上，穿过兰屿公园，走在700多岁的银杏树下，兰墅就呈现在眼前。白墙黑瓦被群山翠竹环绕、院外兰池终年不枯、溪水潺流日夜不息。古朴的围墙围起一片古色古香的院落、围起一片千年的人文情怀。

兰墅占地面积达8000多平方米，营选《易学》龙椅之位，依山而建，临水而生，左右倚靠，尽显苏式园林风格。白砖灰瓦马头墙、若干楼栋星罗棋布恰然而成。兰墅一共有3幢明清式楼宇建筑，15间客房，风格统一，却又各具特色。粉墙黛瓦、飞檐反宇。3幢楼宇亭亭耸立，优美雅观，形如飞鸟展翅，寓意吉祥；清代雕漆家具，增加了室内的艺术气息，是现如今很少能见到的如此雅致的深家大院。民宿精心的格局布景，仿佛让人穿越到了古代大户人家厅堂。

在慈溪最大的特色是本地小海鲜，但是这个特色已经具有普遍性，可以说已经是不足为奇。但慈溪兰墅凭借独特的地理位置优势，在本地产有堪比冬虫夏草的金蝉（知了）花，其营养价值极高，用来熬汤、炖鸡，味道鲜美无比，是非常独特的营养美食；另一特色美食是马兰头干红烧肉，据说有清热消炎的药用价值，其味是清香扑鼻，是客人食用后回味无穷的美味佳肴。

在此幽雅环境中住宿，真乃是神仙般的生活，性价比超高，对于中产阶层以上都是能够接受的。

外赏景，内修心，漫步在古村小道、静居在苏式大院，这是文人雅士所最向往的。兰墅是中国美术学院龙山写生基地、海派著名作家张培基诗文书画创作基地、杭州市民间文艺家协会创作基地和朱一诺艺术馆等，可为来到兰墅的客人，在享受千年古村美景的同时，领略传统文化的魅力，既有放鹿南山的诗情，又有放飞心情的画意；在参天古树的佑护下，人心静如明镜，获得的都是满满的幸福感。

在兰墅大门口，是全国闻名的文明村方家河头村，特色小街上土特产琳琅满目、各式小吃飘香扑鼻，可满足对特色美食的各种幻想。走出去就是古镇小道，生态自然公园就在旁边，兰墅完美融入这优美环境里，置身其中，仿佛真成了地道的村民，感受着古朴自然的生活。

中国作家协会会员、诗人、画家、书法家、文艺评论家张培基先生曾说“兰墅的美妙很难用一篇短文表达”，在此特赋他的诗来做结尾：

香樟万竹清风吹，

百鸟争鸣碧空开。

兰墅墙边溪水长，

方家河可摆仙台。

民宿地址：

慈溪市龙山镇方家河头村兰屿路 15—16 号。

民宿周边景区、景点：

桃花林古道、东临达蓬山、九龙湖、鸣鹤古镇、五磊山等。

民宿特产、美食：

杨梅、柿子、笋干等。

云素艺术民宿 

云素艺术民宿坐落于慈溪市上林湖青瓷文化传承园内，在青瓷非遗核心区块——翠屏山片区，生态环境优美，文化底蕴深厚，是闻名遐迩的“青瓷之源、杨梅之乡”。

云素艺术民宿占地450平方米，建筑设计师是中国美院王炜民教授，外围建筑荣获2020年度“省级优秀园林工程银奖”“宁波市级茶花杯优秀园林工程金奖”。民宿将越窑青瓷作为文化符号，每间房间门牌镶嵌正方青釉瓷板，由浙江省工艺美术大师孙威先生手作雕刻。依托于整个青瓷文化传承园，云素艺术民宿向客户展现沉浸式的陶艺体验服务，在这里宾客可以享受手作的快乐时光，这个特色创新项目吸引了大批慕名前来的客人，获得很好的口碑与认可。

云素艺术民宿一楼是陶瓷艺术展示中心，长年展出艺术家作品，真正地把民宿建在艺术馆之上。云素艺术民宿的餐厅在上林湖畔，又紧靠着栲栳山，厨房团队就地取材，采用周边农户的优质农家食材，推出特色农家菜，为住店客人带来一场上林青瓷宴。

来到云素艺术民宿，往园区深处，有茶座供三五好友可围炉叙谈，在这一方清净之所、一份小食、一杯咖啡、一束慵懒的阳光下，客人可以轻松拥有一个惬意的午后。

此外，园区内还设有上林馆、国际馆等旅游商店，展售精美的本土越窑青瓷及国内外陶瓷文创产品，感受现代工艺品的魅力。

民宿地址：

慈溪市匡堰镇越窑路 999 号。

民宿周边景区、景点：

栲栳山风景区、楝树下艺术村落、九舍露营基地、五磊山景区、鸣鹤古镇等。

民宿特产、美食：

慈溪富硒杨梅、野山笋干、手工年糕、农家土鸡蛋、岗墩高山茶叶等。

稻田里客栈

“户庭无尘杂，虚室有余闲。久在樊笼里，复得返自然”。陶渊明《归园田居》描绘了一幅远离世俗喧嚣的清新田园生活图。如此美好的场景，千百年来引人神往。稻田里正是让都市倦客，在这里探寻到不同于城市的居住体验，绮丽的自然风光、久违的宁静安闲，不用费心寻找，就是这个诗和远方的小村民宿。

穿过四明湖，沿路来到横坎头村，一幅充满田园诗意的画卷，来自市区的你或许会眼前一亮。与20年前完全不同，曾经经济薄弱的横坎头村，以红色旅游带动乡村绿色经济发展，完成了脱贫致富奔小康的美丽蜕变，革命老区有了新样板、红色基因绘就了新画卷。民宿主人说，读懂乡村，才能读懂中国，横坎头村里便藏着乡村振兴、共同富裕的密码。2023年稻田里正式对外营业，取名的理由很朴素，一是主人从小生活在乡村里，对乡村存有一份深厚情怀；二是习近平总书记的嘱托：“不忘初心、牢记使命，传承好红色基因，发挥好党组织战斗堡垒作用和党员先锋模范作用，同乡亲们一道，再接再厉、苦干实干，结合自身实际，发挥自身优势，努力建设富裕、文明、宜居的美丽乡村，让乡亲们的生活越来越红火”。

小民宿带动乡村大经济。民宿主人认为民宿经营者不一定需要是本地人，但一定要有阅历，对人和生活有独到的见解、对生活品质有追求，方能给人以细腻、温馨的感觉，或者至少是很热爱生活的人。从这个角度出发，民宿整体营造出一种“采菊东篱下，悠然见南山”的田园山居生活，又有乡村情怀。这些生活方式在城市很难实现，稻田里的出现恰恰契合了人们的这种心理需求。“卸下一身的疲惫，从大都市快节奏的生活中慢下来，过着从容悠闲的生活”。这种生活状态对城里人来说是十分宝贵的，所以民宿从设计理念、到功能布置都与现代生活接轨。简单的农村生活，以及处处可见横坎头村那一抹鲜艳的红。稻田里也带动了当地的旅游、农特产品销售和促进村民增收。小民宿带动乡村大经济，通过她所创造出的生活环境，除提供给住客一种生活方式和对生活的态度并最终得到人们的认可外，“一家富有情怀的小酒店，有主人、有设计、有温度，就像家一样”当年全球民宿巨头 Airbnb 也给予了高度认同。对于所有人来说，民宿并不仅仅只是住，而是去享受、去体验。接下来稻田里将利用 OTA 平台以及常规运营，在允许的条件下不断改善民宿硬件条件和服务水平，以不断提高客人的入住体验，通过留住回头客提高口碑和入住率，吸引更多人群入住民宿。

民宿地址：

余姚市梁弄镇横坎头村长桥头。

民宿周边景区、景点：

五龙潭等。

民宿特产、美食：

麦饼等。

集约部落生态度假山庄

在这个积极追求环保、低碳、创新的时代，一家别具特色的民宿宛如一颗璀璨明珠，脱颖而出、熠熠生辉。集约部落民宿秉持着坚定的环保、低碳设计理念，巧妙地采用集装箱为载体，精心打造出与众不同的住宿空间。这一创新之举不仅显著减少了对环境的影响，更展现出独具匠心的建筑风格，引领了民宿领域新风尚。

其亮点不胜枚举。作为浙东首家以集装箱为主题的民宿，它所有建筑皆由集装箱改造而成，散发着浓郁的后现代工业风魅力。每个客房都是独一无二的主题，为住客开启了一扇通往不同世界的奇幻之门。踏入“海底世界”主题房，仿佛置身于深邃神秘的海洋，尽情探索深海的奥秘；走进“原始森林”主题房，与野生动物亲密接触，感受大自然的生机与活力；而“工业时代”主题房，则让人领略到酷炫的工艺和坚毅的工匠精神。

民宿地理位置得天独厚，令人艳羡，它坐落于被誉为“第二庐山”的四明山麓，东倚古镇老街，韵味醇厚，北傍秀美四明湖，风姿婉约。周围环境优美宜人，令人心情愉悦，仿佛置身于一幅诗意画卷之中。

民宿主人始终倡导低碳环保的理念，通过巧妙改造旧物，赋予它们全新的生命，复古书架、锈迹斑斑的旧水管、老式汽车仪表等，都成为民宿独特而迷人的装饰元素，诉说着岁月的故事。

这里不仅仅是一个提供住宿的场所，更是一个充满创意和特色的体验空间。无论家庭旅行或朋友聚会，都能在这里度过难忘的美好时光，留下珍贵的回忆。

来到这里，告别传统住宿方式，体验一场独特非凡的民宿之旅。让我们一同走进这个充满魅力的空间，感受它带来的惊喜与温暖，享受一段与众不同的旅程。

民宿地址：
余姚市梁弄镇如意路161号。

民宿周边景区、景点：
四明湖等。

民宿特产、美食：
麦饼等。

宁海闻溪阆苑民宿

闻溪阆苑，一处充满诗意的民宿，坐落在浙江省宁海县桥头胡街道的双林村。距离甬台温高速公路宁海出口仅 15 公里，就像繁华都市中的一片净土，等待着每一位寻找宁静与淡雅的旅人。

双林村被青山环抱，汶溪穿村而过，拥有得天独厚的自然条件。村内生态公益林面积达 6661 亩，森林覆盖率高达 98%，整个村落就像置身于一个巨大的“天然氧吧”之中。更为难得的是这片土地上没有工业企业，保留了最原始、最纯净的乡村风貌。

民宿主人独具匠心，以简洁淡雅为主题风格，打造出别具一格的民宿。在保持与双林村整体风格相融合的同时，又通过独特设计元素和细节处理，让闻溪阆苑在众多民宿中脱颖而出。步入其中，仿佛进入了一个与世隔绝的世外桃源，忘却尘世的喧嚣与纷扰。

在这里，可以尽情享受大自然的恩赐。白天，可以参加有氧运动，沿着绿色的健身游步道漫步，呼吸着清新的空气，欣赏着沿途的美景；夜晚，可以躺在床上，听着潺潺的汶溪水声入眠，感受那份宁静与安详。从都市到乡村、从繁华到宁静的转变，让人有机会遇见最真实的自己。

闻溪阆苑不仅是一个住宿的地方，更是一个可以让人放慢脚步、感受生活的去处。在这里，可以以本心、自在、淡雅的生活方式，在日常场景里感受地道的人文风情，无论是品一杯清茶、读一本书，还是与好友畅谈人生、分享趣事，都能让人找到心灵的归宿。

身居山水间，心宿阆苑里。闻溪阆苑就是这样一个让人流连忘返的地方。一溪一树、一茶一座都充满了诗意与禅意，可以坐在溪边聆听溪水潺潺的声音感受大自然的韵律，也可以坐在茶室中与好友品茶聊天，享受那份难得的悠闲时光。枕听溪声、坐看云起，仿佛成为最平常不过的事情，但却能给人带来无尽的宁静与满足。

如果你厌倦了都市的喧嚣与繁忙，渴望寻找一个可以让心灵得到放松与滋养的地方，那么不妨来闻溪阆苑，感受一下这份难得的宁静与美好吧！

民宿地址：

宁海县桥头胡街道双林村 32 弄 1 号。

民宿周边景区、景点：

汶溪翠谷 、浙江省慈云佛学院等。

民宿特产、美食：

海鲜面、烤土豆、麻糍、麦饼等。

宁海前童鹿山别院民宿

鹿山别院，这座隐藏在浙江宁海前童古镇景区中心的幽静之所，犹如一颗璀璨的明珠镶嵌在古镇繁华之中。其地理位置得天独厚，毗邻古镇老街，四周环绕着古韵盎然的建筑，仿佛一幅古色古香的画卷。门前，一条清澈的小溪如丝带般环绕，将别院与古镇紧密相连，形成了一幅“你中有我、我中有你”的和谐画面，尽显水乡古镇的温情与韵味。

走进鹿山别院，首先映入眼帘的是占地约500平方米的仿明清古建筑。在这里，仿佛时光倒流，让人置身于一个古老的世界。院落错落有致，共分为三个部分，每个院落都充满了浓厚的历史气息。院内建筑布局精巧、青砖黛瓦、飞檐翘角，每一处细节都彰显着匠人们的精湛技艺和深厚底蕴。

在鹿山别院，可以欣赏到以木作与雕刻为代表的“五匠之乡”作品，木雕、砖雕、石窗等构件都展现出了极高的艺术价值。木雕作品栩栩如生，无论是花、鸟、鱼、虫还是人物肖像，都刻画得惟妙惟肖，令人叹为观止；砖雕则名堂讲究、图案精美、寓意深远。石窗又别具一格，造型独特，每一扇石窗都仿佛在诉说着一个古老的故事。

除了精美的建筑和雕刻，鹿山别院还蕴藏着丰富的文化内涵。院内楹联训勉后人，寄托着对后代的期望和祝福；天井是别院的独特之处，它不仅是建筑的一部分，更是连接天地的纽带，站在天井中，抬头仰望，仿佛可以感受到飘雪落雨的意境，让人心旷神怡。

鹿山别院不仅是一座建筑艺术的瑰宝，更是一个充满故事的地方。它见证了前童古镇的繁荣与变迁,承载了无数游客的欢笑与回忆。在这里，可以放慢脚步，感受古镇的宁静与美好，聆听历史的回声与诉说。

此外，鹿山别院所在地还曾是电影《理发师》主景拍摄地，电影讲述了一个发生在古镇的感人故事，而鹿山别院则成为这个故事的重要场景之一。漫步在别院中，仿佛可以穿越时空，回到那个充满温情与浪漫的年代。

鹿山别院是一幢充满历史韵味和文化底蕴的古建筑，以其独特的地理位置、精美的建筑艺术和丰富的文化内涵吸引着无数游客前来探访。在这里一起领略古镇的韵味与风情，感受历史的厚重与沉淀。

民宿地址：

前童镇鹿山村花桥街。

民宿周边景区、景点：

前童古镇、上金谷、梁皇山等。

民宿特产、美食：

前童豆腐、前童大饼、前童汤包、前童麦糊头、垂面等。

宁海大车门民宿

宁海大车门民宿建筑面积760平方米，为上、下两层共9间客房。客房以前童八大景命名，民宿结构保持着明清建筑风格，青砖、卵石、雕梁、石窗、小桥、流水、古朴的木门、精致的石花窗等辅以新中式刺猬紫檀家具、朗乐福的床垫等。房间有亲子房、景观房、榻榻米套房、标间和大床房等房型，可入住20人左右。一楼大厅配有多功能公共空间，可供客人喝茶、喝咖啡、看书聊天。二楼设有接待50人的会议室，可供客人唱卡拉OK；同时配有独立的餐厅，可供客人点餐和私家烧菜。民宿在古镇老街租用5间街门面房，开设一家独立餐厅，专业提供当地特色菜，如前童三宝、土鸡、溪鱼、土猪肉等，同时也是十味豆腐和长桌宴的创始者，可接待300至500人长桌宴。参加浙江省“妈妈的味道”暨百县千场活动荣获第二名，同时入选首届“宁海十大碗”特色菜的其中“一碗”，俨然是前童古镇的特色美食景点之一。

大车门民宿很受客人喜欢，承办了无数场十里红妆婚庆活动及制作、写生、画画以及拍摄等。曾经电影《功勋》在民宿取景拍摄，大车门民宿接待了导演郑晓龙，演员周迅、奚美娟等；可提供团建、体验、文化等一系列活动，组织非遗竹编、竹雕、木雕、泥金彩漆、扎染、银饰、小礼品手工制作，以及体验前童三宝、麦饼、汤包、状元糕等特色点心制作。小朋友可以在童氏宗祠的古戏台参加、体验越剧、舞狮等活动。

大车门给予游客更多的宁静，屋前屋后，古树掩映，在青砖墨瓦的连绵古村，听潺潺小溪流过，唯觉得更是天籁之音，如唐朝诗人叶绍翁古诗中所述“应怜屐齿印苍苔，小扣柴扉久不开”，院内斑斓苔藓，渲染着地方色彩，描述出自然精髓所在，只如“春色满园关不住，一切尽在无言中”的感觉。清晨醒来，有兴致可以去对面的鹿山上，一赏大自然馈赠的美丽日出，也能看到云雾环绕的古镇各个村落。还可以在鹿山顶上举行别具一格的户外婚礼，苍山作证，日月同辉。

浮生若梦，世事繁华。如梦般神秘的大车门，所散发出来的独特气质，久经岁月考验，经久弥香，像是从那久远的年代走来，终于与时代相融，时间凝固在百年间，于岁月中沉淀，留下不可磨灭的印迹。正是：

褰裳顺兰沚，

徒倚引芳柯。

庭院简洁，雅致，古韵浓郁……

古建筑与环境浑然一体。

莺歌燕舞，

风姿绰约，

这里的每一处，

便是人间四月天。

宿一城烟雨，

驾驭梦中河山，

共对皓月长空……

民宿地址：

宁海县前童镇塔山村塔山 338 号。

民宿周边景区、景点：

前童古镇、上金谷、梁皇山等。

民宿特产、美食：

前童豆腐、前童大饼、前童汤包、前童麦糊头、垂面等。

宁海拾贰忆·前童小院

拾贰忆·前童小院于2019年开业，位于浙江宁海前童古镇。古镇内水渠绕户，粉墙黛瓦，美食与工匠可寻，拾贰忆在此静静营造，营造一处幽雅的小院生活。不显刻意、不事张扬，安静待客，温度自来。

在汲取前童古镇白墙黑瓦、卵石、流水灯元素的基础上，选择干净清爽的大面积留白，于细微处加点缀，从而营造清新雅致、纯朴自然的空间氛围。

小院有客房6间，并配套酒吧、小院和戏水池等，吧台区提供咖啡饮品、下午茶及酒水服务。整体庭院可游、可居、可行、可望，让游客享受生活、追求内心的平和与宁静，沉淀出一片纯净的身心休憩之所。

小院内的6个房间均以前童古镇下辖的自然村命名，“官地”“双桥”“梁皇”“联合”“塔山”“鹿山”等。“官地”大床套房静享庭院，更有戏水泳池；“双桥”家庭房拥有异形超大高低铺，二宝家庭入住此间甚有趣味；“梁皇”大床房和“联合”双床房独坐客房阳台之上，远山古镇之景绵延不绝；“塔山”和“鹿山”Loft大床房推窗分别可远眺塔山和鹿山，同时自带神秘阁楼（阁楼可安眠，尤适合一家三口入住）。

拾贰忆·前童小院，有景有情、有酒有人，静候家人来。

民宿地址：

宁海县前童镇鹿山 227 号。

民宿周边景区、景点：

前童古镇、上金谷、梁皇山等。

民宿特产、美食：

宁海小海鲜、前童三宝等。

山水云间

山水悠悠，乐在其中。白云飘飘，自在逍遥。在这秦山村的大好风景中，有着这样一处别具特色艺术民宿，让去过那里的人都难以忘怀，它的名字叫作“山水云间”。

山水云间位于秦山游客服务中心边，背山靠水，依溪而建。从外表看，与其他周边其他建筑相差无几，但朴实的外表下却有着丰富的“内涵”，里面隐藏着六个艺术“世界”。大堂和餐厅采用中式设计，干净整洁，古色古香。若是以为整个民宿都以中式风格设计，那可就错了……

走进“卧虎藏龙”，稍不留神就会以为自己误入电影《卧虎藏龙》的世界。四周竹林环绕，绿意盎然，浑然不知自己在屋里还是在屋外。走进“民国风情”，宛如来了一场时间旅行。衣柜、梳妆台、留声机、老相框……屋里的一个个老物件，每一件都见证了一段动人的故事。屋外，坐着吊椅，还可以眺望秦山风景。走进“疾风劲草”，像是来到了遥远的内蒙古牧场，在苍茫无际的大草原上，身边围绕着可爱的小羔羊，抬头便是形状各异的白云。走进“云悲海思”，你便开启了一场在大海的奇幻冒险，乘坐着白色小船，摇摇晃晃。孩子，你是否也像少年派一样勇敢无畏，你的眼里是否也拥有星辰大海。走进“拔步喜床”，能感受到欢天喜地的气氛一下子涌上了心头，屋中的拔步床完美地还原了古代喜床，情侣入住体验古代婚庆氛围是最好不过。走进草间弥生，草间弥生具有代表性的波点设计映入了眼帘，整个屋子设计致敬了草间弥生女士。这种具有强烈风格的标志性的元素，无时无刻不强调着无限的永恒和延续性精神。

有一种房东，暖到落泪。有一间民宿，住进心里，在山水深处，感受风云变幻，倾听虫鸣鸟叫，这个夏天，来山水云间纳凉休闲吧。

民宿地址：

宁波市镇海区秦山村。

民宿周边景区、景点：

九龙湖风景区、达蓬山风景区、香山寺、保国寺、植物园。

民宿特产、美食：

九龙雄鱼头、秦皇焖鸡、笋干烤肉、黄金玉米片、笋芙河虾。

上木堂

时光总会被淹没，岁月清洗下的今天，不知还有多少风景未曾览阅，世间风雨连篇，旅途间隙择一处安心养息，跨过繁忙都市里的困顿，路逢山水，重回故人乡，终遇古镇——前童。

有一场梦总在我们身边萦绕，一个小小村落里炊烟袅袅，孤山下划过一座小桥，绵延不断的小路遍布整个古镇，寂静的时间里也能听见雀鸟的喧嚣和拨动水面的船桨荡漾。某一段遐想里仿佛能感觉到口耳相传的古老童谣，安详述说着这个地方的生活畅想。

这时的上木堂客栈，依旧宁静的院落里，盎然春意的花木随风摇摆，听闻过路旅人的诉说。在这个院落里享受安静的时光，有时候安静冥思也是一种独有的心境。逝者如斯，在岁月残留的美感里，一解春愁，古木墙壁里印刻着厚重的年轮。一整天的劳顿也终究可以在上木堂里解下所有烦恼。

在上木堂里，总可以找到自己想要的静谧时光，充满古韵和舒适现代的住宿条件，不禁让人们流连忘返，清新淡雅的风格也能隔断外面世界的繁杂之事。古屋是一个独有的空间，在时光流走的间隙，释怀半生之缘。上木堂，取名之意是希望这棵小苗扎根于此，再吸引更多喜爱民宿志同道合的人，慢慢一起将上木堂培养成长为一棵大树。我们也期待，你能和我们一起，在这里感受古老村落绵长的呼吸和不曾褪色的魅力。再回首后，踩着过去的影子，一步步走到将来。在这上木堂客栈中的经历，个中滋味，如鱼饮水。

民宿地址：

宁海县前童古镇教育路 5 号。

民宿周边景区、景点：

前童古镇、梁皇山、上金财神谷、梅花村、浙东大峡谷。

民宿特产、美食：

前童三宝、腐皮黄鱼、前童麦饼、前童麦蕉筒、前童汤包。

松雅山房 

松雅山房可谓历史悠久，其原名洙潼山房，这个名字来源于北宋时期的神童诗人汪洙，他在明州府学教授时曾定居此地。汪洙才华横溢，在这里写了不少宜于孩童记诵的短诗，其中最有名的就是与《三字经》齐名的“古今奇书”《神童诗》。

在汪洙离开以后，洙潼山房所在地变成了陈姓人家的居住地，渐渐销声匿迹，难称前时之闻，自21世纪开始，大部分陈姓人家都迁出此地或外出工作，此时的洙潼山房变得人丁稀少，破败不堪；直到十年前洙潼山房迎来了重大的转机，一对在宁波做工贸生意的夫妻偶然来到这里，他们被这静谧幽雅的小山村迷住，并深深地爱上了这里，于是他们放弃了城市的工作和生活，将破旧的老屋按照民国的风格进行升级改造，并将其打造成了一家集住宿、餐饮、草坪露营、会务、文化交流、研学于一体的综合型农旅休闲基地，两人从名字中各取一个字，将这里改名为“松雅山房”，一个全新的松雅山房就此诞生。

松雅山房形态丰富，配套完善，民宿、餐厅、会议室、茶室、大草坪可谓一应俱全；丰富多样的互动区块同时满足观光旅游、餐饮住宿、中高端会议、茶会、团建活动、烧烤 BBQ、露营等需求。除了休息的房间其余几乎都是公共区域，还有好几个露台，抬头就可以仰望星空。

松雅山房共有 7 间民宿客房，房型以大床房为主，各个房间都有自己特色。房间配备了大面积的玻璃窗，推开窗都是一幅幅美丽的自然风景画。干净整洁的空间，温柔的阳光，让人在田野乡间放松下来。

松雅山房地处宁波市海曙区集士港镇深溪村，临近 3A 级景点龙鹫登山步道，占地面积 5000 平方米，建筑面积 1000 平方米，距离市中心仅半小时车程，毗邻奥特莱斯广场，交通便利，周边配套设施齐全，此处推门是依山傍水，举头是千年古刹，空气清新，环境优美，地理位置十分优越，景观花园是为您提供品茶看书、聚会聊天的绝佳场所，草坪石凳、花卉竹亭、小桥流水，细节之处更是风景，另设有大草坪，这里有时下最受欢迎的露营帐篷、天幕等，无论是烧烤还是下午茶，抑或是打卡小憩，约上三五好友便可乐在其中，精致露营既保留了野营的自然之意，又增添了生活诗意。便利的交通和设施，让你享受露营、放松生活。

民宿地址：

宁波市海曙区集士港镇深溪村。

民宿周边景区、景点：

龙鹫登山步道、慢石岗。

民宿特产、美食：

古树红茶、福鼎白茶、梅子酒、土灶笋、盐烤土豆。